수학의 원리와 개념을
이해하는 플레이북

매직 수학

ⓒ 카를라 체더바움, 2020

초판 1쇄 인쇄일 2020년 6월 20일
초판 1쇄 발행일 2020년 7월 1일

지은이 카를라 체더바움 **옮긴이** 강희진
그림 주진희 **편집** 김현주
펴낸이 김지영 **펴낸곳** 지브레인^Gbrain
마케팅 조명구 **제작·관리** 김동영

출판등록 2001년 7월 3일 제2005-000022호
주소 04021 서울시 마포구 월드컵로7길 88 2층
전화 (02)2648-7224 **팩스** (02)2654-7696

ISBN 978-89-5979-645-8(03410)

• 책값은 뒤표지에 있습니다.
• 잘못된 책은 교환해 드립니다.

수학의 원리와 개념을
이해하는 플레이북

매직
수학

카를라 체더바움 지음

강희진 옮김 주진희 그림

지브레인

마술 공연을 본 적이 있나요? 바로 눈앞에서 신기한 일이 벌어지죠? 수학의 세계에서도 그런 마법 같은 신기한 일들이 일어난답니다. 숫자와 도형들이 펼치는 다양한 마술을 보면 아마 입이 딱 벌어지고 감탄사가 절로 나올 거예요. 숫자들이 마술을 부리는가 하면 우리가 미처 알지 못했던, 도형의 모습들이 속속들이 드러나니까 말이에요. 거기에 대해 더 알고 싶다고요? 이 책에 바로 그 비밀이 담겨 있답니다!

마술과 수학 사이에는 공통점이 많아요. 하지만 차이점도 있죠. 이를테면 훌륭한 마술사는 자신의 마술 뒤에 숨은 비밀을 절대 털어놓지 않아요. 그 마술을 자기만 구사하려는 욕심 때문이기도 하지만 관객을 실망시키고 싶지 않아 비밀을 지키는 것이랍니다.

그런데 사실 대단하게 보이는 마술 중에는 원리가 아주 간단한 것들이 많아요.

여러분이 방금 신기한 마술을 관람했다고 생각해 보세요. 그래서 신기한 마술의 세계에 빠져들려는 찰나, 마술사가 그 뒤에 숨은 비밀을 이야기해 준다면 느낌이 어떨까요? 모든 게 간단한 눈속임이었다는 사실을 알고 나면 김이 새지 않을까요? 그래요, 마술은 속임수예요. 속임수를 이용해 자연의 법칙을 살짝 피해 가려는 것이죠. 그 속임수가 드러나 버리면 그 자리에는 실망만 남는답니다.

하지만 수학은 달라요! 수학자들은 마법 같은 계산 뒤에 어떤 비밀이 숨어 있는지 감추지 않아요. 오히려 관객에게 설명하고 이해시키려고 애를 쓰지요. 그 이유는 수학 속 비밀을 캐는 것이야말로 수학을 사랑하는 진정한 태도라고 믿기 때문이에요. 마술과 달리 수학은 어떤 진실도 숨기지 않고 어떤 자연의 법칙도 피하지 않아요. 수학은 속임수가 아니니까요.

그런 수학을 이용해서 마술을 부릴 수는 있어요. 게다가 수학을 이용한 마술은 어렵지도 않아요. 손바닥 안이나 옷 소매에 무언가를 감추고 있을 필요도 없어요. 간단한 공식만 이해하고 외우면 나머지는 수학의 법칙들이 다 알아서 해결해 준답니다.

수학 마술 속에는 세상이 돌아가는 원리도 담겨 있어요. 수학 마술은 그 뒤에 숨은 비밀을 안다고 해서 시시하게 느껴지지도 않아요. 오히려 원리를 알수록 더 감탄하게 되는 것이야말로 수학 마술이 지닌 진정한 매력이에요. 수학 마술 뒤에 숨은 비밀은 굳이 감추려고 애쓸 필요가 없는 거죠.

마술 뒤에 숨은 간단한 수학적 원리를 깨닫고 나면 여러분의 정신세계는 훨씬 더 풍부해지고 놀라움과 감탄으로 넘쳐날 거예요.

그래서 나는 여러분이 이 책에 소개된 마술을 따라해 보는 것으로 그치지 않고 그 뒤에 숨은 수학적 원리까지 알게 되길 바랍니다. 마술 못지않은 재미와 커다란 기쁨을 동시에 느낄 수 있을 테니까 말예요!

알브레히트 보이텔슈파허

 들어가는 말

율리아가 검은 곱슬머리를 찰랑거리며 마술 쇼를 보러 온 관객 앞에 섭니다. 마술 쇼는 '어린이 솜씨 자랑 대회'에서 열리는 다양한 행사 중 하나랍니다. 마술 쇼를 보러 온 관객 대부분은 어린 친구들이지만 어른들도 간간이 보이네요. 앗, 이제 율리아가 마술을 시작하려나 봐요.

"이 자리에 오신 여러분을 진심으로 환영합니다! 오늘 저는 여러분께 지금까지 세상 누구도 보지 못한 새로운 마술을 보여 드릴 거예요. 바로 '마법의 사각형'이라는 마술이에요."

율리아가 자신이 보여 줄 마술을 거창하게 소개합니다.

"제가 사각형 하나를 그릴 거예요. 1부터 9까지 9개의 숫자를 세 줄로 늘어놓은 사각형이죠. 그런데 가로나 세로 혹은 대각선 등 어느 방향으로 더해도 세 숫자의 합이 늘 15랍니다. 수리수리마수리 사각형수리!"

관객들이 율리아의 말에 귀 기울이고 있는 동안 율리아는 마술봉

을 휙 젓더니 칠판에 이렇게 썼어요.

"어때요? 제 말이 사실이죠?"

율리아의 말에 관객들은 열심히 눈과 머리를 굴리며 검산을 합니다. 곧이어 요란한 박수 소리가 강당을 가득 채웠어요. 율리아의 숫자 마술에 모두 감탄했다는 뜻이겠죠?

율리아가 무대 가장자리에서 몸을 굽혀 인사를 하는 동안 커튼이 내려오고, 율리아는 그 뒤로 조용히 퇴장합니다.

여러분은 혹시 수학이 지루하거나 어렵고 아무짝에도 쓸모없는 학문이라 생각해왔나요? 그렇다면 지금부터 여러분의 생각이 틀렸다는 것을 증명해 보일게요.

수학은 때로 복잡하게 느껴지지만 그 매력에 한번 빠져들기 시작하면 좀처럼 빠져나오기 어려울 정도로 신기하고 재미있는 세계랍니다. 지난 몇 천 년 동안 수많은 과학자와 철학자, 예술가와 문학가들이 수학의 매력에 빠졌고 수학에서 영감을 얻었다는 것이 바로 그 증거예요. 독일의 위대한 문학가인 괴테를 알고 있나요? 괴테 역시 앞서 율리아가 보여준 사각형의 마법에 매료되었던 인물이랍니다. 괴테의 위대한 작품 《파우스트》에도 마법의 사각형에 관한 내용이 등장할 정도라니까요!

마술사들도 수 세기에 걸쳐 수학을 이용해 사람들에게 충격과 감탄을 안겨 주었어요. 이 책에 소개된 마술들이 바로 수학 마술이에요.

마술이라 해서 처음부터 어렵게 생각할 필요는 없어요. 누구나 쉽게 이해할 수 있게 한 걸음씩 자세하게 설명되어 있으니까요. 여러분도 아마 이 책에 소개된 서른 개쯤의 마술을 보고 나면 깜짝 놀랄 거예요. 그 놀라움을 친구나 부모님께 소개해 주는 것도 나쁘지 않겠죠?

이 책에 나오는 마술을 공부하고 연습해서 잘 익힌 뒤 가족 모임이나 친구의 생일 파티, 학교 행사 같은 곳에서 솜씨를 뽐내 보세요. 혹은 수학 시간에 선생님과 친구들을 깜짝 놀라게 해 주는 것도 좋은 생각이죠. 대부분 간단한 준비물 몇 개만 있으면 되는 것들이니 언제 어디에서든 마술을 부릴 수 있을 거예요.

여기에 소개된 마술 중 몇 개는 역사가 매우 길고 유명한 것들이에요. 하지만 안타깝게도 그 마술을 개발한 사람에 대해 알려진 바가 전혀 없는 것들도 있답니다. 그런가 하면 이 책을 위해 특별히 고안된, 완전히 새로운 마술도 있어요.

분야별로도 다양해요. 예를 들어 '제1장 마법의 수'나 '제2장 숫자 마술' 부분에 소개된 마술들은 산술이나 대수학에 관련된 것들이죠. 하지만 뒤로 갈수록 기하학이나 위상수학, 논리학 등 다양한 수학 분야에 관련된 마술이 등장한답니다.

참, 여기에 소개된 마술들은 반드시 그대로만 해야 하는 것은 아니에요. 여러분 스스로 새로운 마술을 고안해 내고 실험해 볼 수도 있어요! 수학은 원래 응용의 학문이라고 하잖아요. 여러분도 응용력을 최대한 발휘해서 자기만의 마술을 개발하고 신비한 수학 마술의 세계에 빠져 보세요!

카를라 체더바움

추천의 말　　　　　　　　　　　　　4

들어가는 말　　　　　　　　　　　　6

제1장　**마법의 수**　　　　　　　　　13

어떤 숫자가 가장 무거울까요?　　　14

보이지 않아도 알아요!　　　　　　　21

마법의 수 1　　　　　　　　　　　　32

마법의 수 2　　　　　　　　　　　　44

앞뒤? 안팎? 홀짝?　　　　　　　　　53

제2장　**숫자 마술**　　　　　　　　　75

언제나 7만 나와요!　　　　　　　　76

아리따운 예언자　　　　　　　　　　86

숫자 로켓　　　　　　　　　　　　105

나는 네가 무슨 생각을 하는지 알고 있다!　117

contents

제3장 생활 마술   129

자무엘의 마법 시계   130

몇 마리의 낙타를 물려받을까?   142

제4장 좌표와 도형 마술   151

초콜릿 도둑을 잡아라!   152

안 보고도 찾을 수 있어요!   161

삼각형 내각의 합은 언제나 180도이다?   172

이리로 재나 저리로 재나 똑같이 '뚱뚱한' 도형   181

제5장 게임 마술   191

내 사전에 패배란 없다!   192

100을 외치는 사람이 승자!   202

제6장 **매듭과 띠 마술** 209

자유의 몸이 되어 보아요! 210

뫼비우스의 띠 217

범위를 좁혀라! 225

제7장 **논리 마술** 231

불가능은 없다! 232

침묵수도회의 병든 수도사 237

진실과 거짓 248

세비야의 이발사 263

제1장

마법의 수

어떤 숫자가 가장 무거울까요?

필요 인원	마술사 1명
필요한 능력	전자계산기 사용 능력
준비물	LCD 창이 큰 전자계산기 1개, 마술봉 1개

갈색머리의 여덟 살 난 소녀 파울라가 관객에게 자기소개를 합니다.

"안녕하세요, 여러분."

파울라가 객석을 향해 꾸벅 인사를 하고 말을 잇습니다.

"지금부터 여러분께 신기한 전자계산기를 보여 드릴 거예요. 뭐가 신기하냐고요? 이 계산기는 중력의 법칙을 따르거든요! 즉 무거운 숫자부터 차례로 정렬을 한다는 말씀이죠! 여러 자리의 숫자 중 가장 무거운 숫자가 맨 앞에 오고 다음으로 무거운 숫자가 그 뒤에 오게 만들어 볼게요!"

말을 마친 파울라는 전자계산기에 긴 숫자를 입력한 후 관객들이 볼 수 있게 계산기를 들어 올렸어요. 그런 다음 맨 앞줄에 앉은 관객 한 명에게 LCD 창에 입력된 숫자를 큰 소리로 읽어 달라고 부탁했어요. 그러자 그 관객은 "12345678"이라고 외쳤어요. 이번에는 파울라가 그 관객에게 질문을 던졌어요.

"그럼 그중에서 가장 무거운 숫자는 무엇이죠?"

관객은 기다렸다는 듯 재빨리 대답했어요.

"그거야 물론 8이죠!"

주변에 있던 사람들도 모두 고개를 끄덕였어요.

"그렇군요. 네, 맞아요. 그러면 그다음으로 무거운 숫자는 뭘까요?"

"7이죠."

"좋아요, 그럼 이제부터 잘 보세요!"

말을 마친 파울라는 LCD 창이 세로 방향으로 보이게 계산기를 90도로 돌렸어요. 그런 다음 마술봉으로 계산기를 툭 치며 주문을 외웠어요.

"수리수리마수리 중력수리 갈릴레오갈릴레이수리!"

어떤 일이 벌어졌을까요? 계산기의 입력창에 '87654321'이라는 숫자가 떴어요! 맨 앞줄에 있던 관객이 소리쳤어요.

"우와, 신기해요! 숫자들이 정말 중력의 법칙에 따라 정렬됐어요!"

그러자 나머지 관객들도 박수를 쳤어요. 파울라는 예의 바르게 허리를 굽혀 인사한 다음 무대 뒤로 퇴장했어요.

파울라는 도대체 어떻게 한 것일까요? 파울라의 계산기가 진짜 마법을 부린 것일까요?

대답은 '예 - 니요'예요. 계산기가 마법을 부린 것은 사실이지만 그렇게 하도록 파울라가 모든 준비를 한 것이니까요. 파울라는 12345678이라는 숫자를 입력하기 전에 미리 다른 숫자들을 입력했어요. 하지만 관객들에게는 들키지 않았죠!

자, 파울라가 맨 처음에 입력한 숫자를 'N'이라고 가정해 볼게요. 파울라는 N이라는 숫자를 미리 입력한 다음 '+' 단추를 누른 뒤 숫자 1을 입력했어요. 따라서 관객들에게 계산기를 보여줄 때에는 LCD 창에 숫자 1만 입력되어 있었던 거죠. 더하기 단추를 누른 뒤 1을 눌렀기 때문에 계산기의 창에는 1만 남아 있었던 거예요. 그런 다음 나머지 숫자들, 즉 2345678을 입력했고, 마술봉을 흔드는 척하면서 '=' 단추를 눌렀어요.

그러자 입력창에 87654321이라는 숫자가 뜬 거예요.

그렇다면 파울라가 맨 처음에 관객들 모르게 입력한 숫자는 무엇이었을까요? 함께 계산해 볼까요?

파울라가 맨 처음 입력한 숫자는 N이었고 거기에 12345678을 더했더니 87654321이 나왔죠? 즉 $N + 12345678 = 87654321$이라는 등식이 성립해요. 이 식을 뺄셈으로 바꾸면 $87654321 - 12345678 = N$이라는 공식이 나온답니다. 즉 $N = 75308643$이 되는 거예요.

그런데 사실 어떤 숫자가 '가장 무거운지'는 중요하지 않아요. 숫자에 무겁고 가벼운 게 어디 있겠어요? 하지만 파울라가 그 질문을 던졌을 때 관객들은 모두 다 착각하기 시작했겠죠? 그리고 깊이 생각하지도 않은 채 1부터 8까지의 숫자 중 8이 제일 무겁다고 믿었겠죠? 게다가 커다란 LCD 창에 여덟 자리 숫자가 길게 늘어져 있고 그중 8이라는 숫자가 제일 아래쪽에서 반짝이고 있으니 모두 얼떨결에 8이 가장 무거운 숫자라고 착각한 것이랍니다. 파울라가 관객들에게 들키지 않고 마술봉으로 '='단추를 누를 수 있었던 것도 관객들의 주의를 다른 곳으로 돌렸기 때문이에요.

사실 무게와 크기는 누구나 쉽게 착각하는 것들입니다. 그런 착각이 도움이 될 때도 있어요. 혹시 "1kg의 돌덩이와 솜 중 뭐가 더 무거울까요?"라는 질문을 받아 본 적이 있나요? 그 질문을 통해 우리가 무심코 착각한 채 지나치는 일이 얼마나 많은지 알 수 있지요.

파울라의 마술은 간단한 산수를 이용한 것이에요. 응용하기에 따라 자기만의 다양한 마술을 개발할 수 있다는 말이죠.

이 마술의 핵심은 숫자를 '뒤집는' 거예요. 예컨대 12를 21로 뒤바꾸어 놓음으로써 '무거운' 숫자인 2를 아래로 가게 만드는 거죠. 그러자면 21에서 12를 뺀 수, 즉 9를 먼저 입력한 뒤 '+' 단추를 눌러야 해요. 또 이 원리를 이용하면 123을 321로 바꿀 수도 있겠죠? 198(321−123=198)을 먼저 입력한 다음 나중에 123을 누르면 321이라는 숫자가 나올 테니까 말예요.

덧셈과 뺄셈의 기본적인 원리만 이해한다면 이와 비슷한 마술을 무궁무진하게 만들어 낼 수 있어요. 또 숫자를 뒤집는 마술뿐 아니라 숫자 하나의 위치만 살짝 바꾸어 놓는 마술도 가능해요. 예컨대 68888889를 미리 입력한 뒤 12345678을 더해서 81234567을 만들어 내는 거죠.

이 마술은 어린 아이들도 할 수 있어요. 물론 더하기와 빼기가 서로 교환될 수 있다는 원리를 이해하고 전자계산기를 다룰 줄 알아야 한다는 조건이 붙기는 하지만요. 학년이 높은 아이라면 수준 높은 마술을 공연할 때 중간에 '쉬어가는 코너'로 이 마술을 해도 좋습니다.

아이들에게 무엇보다 ' = ' 단추를 관객들 몰래 누르는 연습을 시켜 주세요. 그래야 이 마술이 단순한 수학 계산이 아니라 진짜 마술인 것처럼 관객들을 속일 수 있으니까요!

보이지 않아도 알아요!

필요 인원 마술사 1명

필요한 능력 뺄셈 능력(마지막 마술에는 세 자릿수 뺄셈 능력
이 요구됨)

준비물 되도록 큰 주사위 6개, 양쪽에 눈금이 있는
줄자 1개, 클립 또는 빨래집게 5개, 눈을 가
릴 띠나 수건 1개, 전자계산기 1개, 탁자 1개,
마술봉 1개

지몬은 주사위를 아주 좋아해요. 어릴 땐 자꾸 입에 넣으려고 해서 부모님께 야단을 맞기도 했죠. 하지만 이제 지몬은 더 이상 주사위를 입에 넣으려고 하지 않습니다. 지몬에게 주사위는 없어서는 안 될 마술 도구이니까요. 마술은 최근 들어 지몬이 관심을 갖게 된 분야예요. 어떻게 마술을 부리냐고요? 예를 들면 다음과 같답니다!

마법의 탑

지몬은 관객 중 한 여자아이에게 주사위 여섯 개를 탑처럼 쌓아올려 보라고 주문합니다. 그렇게 해서 모든 주사위의 옆면 네 개만 보이게 만들려는 거예요. 물론 가장 위쪽에 놓인 주사위는 윗면도 보이겠죠. 그런데 여자아이가 주사위를 쌓는 동안 지몬은 다른 곳을 쳐다보더니 나중엔 아예 눈을 감아 버렸어요. 여자아이가 탑을 다 쌓았다는 신호를 보내자 지몬은 주사위 탑을 흘깃 쳐다보더니 객석을 향해 이렇게 물어요.

"우리 눈에 보이지 않는 눈(주사위의 눈)을 다 합하면 몇 개가 될까요?"

물론 관객 중 선뜻 대답을 하는 사람은 아무도 없었어요. 보이지 않는 눈을 세어 보라는 요구가 아무래도 너무 어려웠나 봐요. 게다가 지몬은 탑을 쌓는 동안 눈을 감고 있었으니 그 자리에 있는 그어떤 사람보다 더 알아맞히기 어려웠겠죠?

그런데 어라? 지몬이 갑자기 주문을 외네요?

"수리수리마수리 다더해져라수리!"

지몬은 주문을 외는 동안 마술봉으로 탑의 꼭대기를 툭 쳤어요. 그러더니 이렇게 말했죠.

"보이지 않는 눈을 다 더하면 41이 되네요."

지몬의 말에 관객들은 모두 다 어리둥절했어요. 탑을 쌓아 올린 여자아이의 눈은 특히 더 크게 휘둥그레졌어요.

지몬은 깜짝 놀라 눈만 깜박이고 있는 그 여자아이에게 이번에는 쌓은 탑을 해체해 달라고 부탁했어요. 주사위를 위에서부터 하나씩 내리면서 관객들 눈에 보이지 않던 주사위 눈의 개수를 세어 달라고도 부탁했죠. 결과는 어땠을까요? 하나하나 세어 보니 지몬의 말이 맞았어요! 관객들은 환호하며 박수를 쳤어요. 그러는 사이에 지몬은 벌써 다음 마술을 준비하고 있었어요.

투시력 마술

지몬은 이번 마술을 위해 벌써 주사위 세 개를 탁자 위에 올려놓았어요. 그런 다음 자신은 탁자 아래에 누웠죠.

누운 채로 지몬은 관객들에게 엄숙하게 선포합니다. 투시력을 이용해 탁자 위의 주사위를 꿰뚫어 보겠다고 말예요.

지몬의 부탁에 따라 관객 한 명이 무대 위로 올라와 주사위 세 개를 던진 뒤 윗면에 나온 눈의 합을 계산합니다. 하지만 그 합이 얼마인지 지몬에게 알려 주지는 않습니다.

다음으로 지몬은 그 관객에게 주사위를 뒤집어 달라고 부탁합니다. 방금 위를 향해 있던 부분이 탁자와 맞닿게 해 달라는 뜻이었죠. 관객이 주사위를 다 뒤집자 지몬은 마술봉으로 탁자 아래쪽을 더듬으면서 주문을 욉니다.

"수리수리마수리 다더해져라수리! 자, 이

제 탁자를 꿰뚫어 보겠습니다!"

말을 마친 지몬은 일어나서 탁자 옆에 서더니 관객들이 모두 다 들을 수 있게 큰 소리로 말했어요.

"방금 던진 눈의 합은 13이에요. 그렇죠?"

그러자 주사위를 던졌던 관객은 아무 말도 하지 못한 채 고개만 끄덕였어요. 처음 보는 신기한 마술에 말문이 막힌 거겠죠?

마법의 띠

오늘의 마지막 마술을 위해 지몬은 양면에 눈금이 있는 줄자 한 개와 클립 몇 개를 가방에서 꺼냅니다. 그런 다음 줄자를 탁자 위에 올려 두고 관객 중에 자신의 마술을 도와줄 지원자가 없느냐고 물어보았어요. 그러자 어린 소녀 한 명이 손을 들고 무대 위로 올라왔어요.

지몬은 소녀에게 띠 하나를 건네며 그것으로 자신의 눈을 가려 달라고 부탁했어요. 띠를 묶은 뒤 소녀는 지몬의 얼굴 앞에서 손바닥을 흔들어 보았어요. 정말로 지몬이 아무것도 볼 수 없는지 확인하려는 것이었죠. 지몬은 바로 코앞에서 소녀의 손바닥이 흔들리는데도 꼼짝도 하지 않았어요. 정말로 아무것도 볼 수 없다는 뜻이죠. 눈을 가린 지몬은 더듬거리며 소녀에게 클립을 내밀었어요.

"이 클립 중 몇 개를 줄자 아무 곳에나 꽂아 주세요."

소녀는 지몬이 시키는 대로 한 다음 물었어요.

"다음은 뭘 하면 돼요?"

"이제 클립을 꽂은 부분의 눈금들을 합해 주세요. 참, 앞면과 뒷면 모두의 눈금을 더해야 한다는 사실도 잊어서는 안 돼요, 아시겠죠? 셈이 끝나고 나면 결과는 마음속으로만 알고 계세요. 그리고 줄자에 꽂지 않은 클립은 제게 다시 돌려주세요. 손에 뭘 들고 있으면 불편하잖아요."

소녀의 손에는 클립이 하나밖에 남아 있지 않았어요. 그 클립을 지몬에게 건네자마자 소녀는 계산을 시작했어요. 잠시 뒤 소녀가 "이제 끝났어요"라고 말하자 지몬이 고개를 끄덕이며 말했어요.

"잘했어요. 이제 제가 눈을 가린 이 띠를 꿰뚫어 볼 거예요. 관객분께서 마음속에 생각하고 있는 그 수를 알아맞히겠다는 뜻이죠. 잠시만요. 수리수리마수리 다더해져라수리!"

어라? 그런데 이번에는 주머니에서 마술봉을 꺼내지 않네요? 아하, 눈이 보이지 않으니 마술봉을 흔들다가 소녀를 다치게 할까 봐 일부러 꺼내지 않은 거였군요! 지몬은 깊은숨을 들이마시더니 유쾌한 목소리로 이렇게 말했어요.

"마음속에 생각하고 있는 그 답은 604예요!"

그러자 소녀는 너무 놀란 나머지 얼굴이 하얗게 질렸어요. 믿을 수 없는 일이 눈앞에서 벌어지고 있으니 그럴 만도 했겠죠? 지몬의 마술을 지켜보던 관객들도 힘찬 박수로 멋진 공연을 칭찬해 주었어요.

지몬은 눈을 가리고 있던 띠를 풀며 객석을 향해 인사를 했어요. 그런 다음 껌을 입에 집어넣었어요. 지몬은 원래 뭔가를 입에 넣고 우물거리는 걸 좋아하거든요.

어때요? 지몬의 마술이 신기하지 않나요? 하지만 지몬이 기적을 일으킨 것은 아니랍니다. 수학 마술을 부린 것뿐이지요. 사실 그 뒤에 숨은 비밀은 간단해요. 양면에 눈금이 매겨져 있는 줄자의 경우, 앞면과 뒷면의 수를 합한 값은 어느 위치에서나 똑같거든요. 우리 주변에 그런 것들이 또 뭐가 있을까요? 맞아요, 주사위예요! 그러니 주사위의 앞면만 보면 뒷면의 눈의 개수를 직접 보지 않아도 맞힐 수 있겠죠?

무슨 뜻인지 다 이해했겠지만 재미 삼아 좀 더 구체적으로 알아볼까요?

주사위의 마주보는 양면에 찍힌 눈의 개수의 합은 항상 7이에요. 혹시 주변에 주사위가 있다면 직접 확인해 봐도 좋아요. 양면에 눈금이 매겨진 줄자의 경우도 이것과 마찬가지예요. 양쪽에 적힌 숫자를 합하면 늘 같은 값이 나오죠. 그 값은 보통 151cm에서 200cm 사이일 거예요. 앞면과 뒷면이 정확히 다른 지점에서 시작해서 서로 반대 방향으로 순서대로 나아가기 때문에 그렇게 되는 것이랍니다.

자, 그렇다면 이제 지몬의 마술 속에 담긴 비밀을 차근차근 파헤쳐 볼까요? 우선 가장 쉬운 '투시력 마술'부터 살펴볼게요.

지몬은 탁자 아래에 있었기 때문에 주사위 윗면의 눈의 개수가 각기 몇 개인지 볼 수 없었어요. 그리고 지몬이 일어섰을 때에는 주사위가 이미 반대 방향으로 뒤집어진 다음이었죠. 하지만 관객이 마음속으로 생각하고 있는 수를 알아맞히기가 그리 어려운 일은 아니었어요. 7에서 주사위 눈의 개수를 뺀 뒤 그 결과를 더하기만 하면 됐으니까요. 물론 탁자 위에 놓인 주사위가 세 개였으니 뺄셈도 세 번 해야 했겠죠? 그런 다음 각각의 답을 모두 더해서 주사위를 던진 관객 혼자만 알고 있던 답을 알아맞힐 수 있었던 거랍니다.*

---

* 여기에서는 결합법칙과 교환법칙이 사용되었어요. 결합법칙과 교환법칙에 관해서는 '아리따운 예언자'와 '숫자 로켓' 부분에서 자세하게 설명할게요.

'마법의 탑'에서는 총 여섯 개의 주사위를 사용했어요. 그중 다섯 개는 윗면과 아랫면이 모두 가려져 있었고 맨 꼭대기에 있는 주사위 한 개는 아랫면만 가려져 있었어요. 따라서 보이지 않는 눈의 개수의 합은 6에다 7을 곱하고 나서 꼭대기 주사위의 윗면에 보이는 눈의 개수를 뺀 값이에요. 어째서 그렇게 되는지 설명할 수 있겠어요?

이제 '마법의 띠' 차례군요. 이 마술에서 지몬은 자기가 처음에 몇 개의 클립을 소녀에게 건넸는지 알고 있었어요(5개). 그러니 소녀가 돌려준 클립의 개수도 물론 알 수 있었죠(지몬의 마술에서 소녀가 돌려준 클립의 개수는 1개).

소녀가 줄자에 꽂은 클립의 개수를 알아내는 것도 식은 죽 먹기였어요 ($5-1=4$). 소녀가 클립을 어느 숫자에 꽂았는지는 중요하지 않아요. 그걸 몰라도 150cm 줄자의 앞 눈금과 뒤 눈금의 합은 언제나 151cm이니까요. 즉 지몬은 줄자에 꽂힌 클립의 개수에 151을 곱하기만 하면 됐던 거예요($4\times151=604$).

이렇게 해서 지몬은 수고를 덜 수 있었어요. 물론 도우미로 나선 소녀는 각각의 합을 더하느라 힘들었겠지만 말예요!

이제 주사위 양면의 눈의 합이나 양면에 눈금이 매겨진 줄자의 앞뒷면에 적힌 수의 합이 늘 동일하다는 사실을 알게 됐어요. 즉 그 값은 '불변량'이라는 거예요. 불변량이란 '일반적인 경우에는' 절대 달라지지 않는 값을 의미해요. 그 값은 길이도 될 수 있고, 질량을 비롯한 다른 단위의 값이 될 수도 있겠죠. 그런데 이때 '일반적인 경우'라는 설명이 반드시 붙어야 해요. 수학에는 회전변환이나 반사변환, 투사변환, 닮음변환 등의 다양한 변환이 있는데, 변환의 종류에 따라 값이 달라질 때도 있거든요.

조금 어렵나요? 그럼 예를 들어 볼게요. 대표적인 불변량으로는 '다각형의 내각의 개수'를 꼽을 수 있어요. 다각형을 돌리든 뒤집든 닮음변환을 시키든 내각의 개수는 언제나 일정하잖아요. 수학자라면 아마도 "다각형의 내각의 개수는 회전변환이나 투사변환, 닮음변환에 관계없이 늘 일정하다"라고 말했을 거예요. 그 말을 쉽게 풀면 "다각형의 내각의 개수는 불변량이다"라고 할 수 있어요. 단, 이때 '일반적인 경우'이어야만 해요. 즉 다각형을 찌그러뜨리거나 납작하게 누르는 변환은 일반적인 경우가 아니라는 뜻이죠.

또 다른 불변량을 예로 들어 볼까요? 다각형의 각도 역시 불변량에 속해요.* 하지만 다각형이 변형된다면 물론 그 각도는 불변량이 아니겠죠. 모양이 달라졌으니 각도도 달라질 수밖에 없잖아요.

하나만 더 예를 들어 볼게요. 어떤 물체가 몇 차원이냐 하는 문제도 불변량에 속한답니다. 면은 늘 2차원, 선은 늘 1차원이잖아요. 이를 수학적으로 멋있게 표현하면 "물체가 몇 차원이냐 하는 것은 회전변환이나 투사변환, 닮음변환 등의 다양한 변환에 관계없이 불변량이다"라고 말할 수 있답니다.

불변량이나 변환이라는 개념은 대수학^{algebra}에서 매우 중요한 위치를 차지해요.** 대수학은 원래 방정식을 풀기 위해 고안된 분야이지만 지금은 수와 수 사이의 관계를 연구하는 학문, 즉 군^{group}이나 환^{ring}, 벡터 공간$^{vector\ space}$, 동치관계$^{equivalence\ relation}$*** 등을 연구하는 학문으로 발전했답니다.

---

* 삼각형의 각도에 대한 더 자세한 설명은 '삼각형 내각의 합은 언제나 180도이다?' 부분에 나와 있어요.

** '대수학^{algebra}'이라는 말은 아라비아어의 '알 자브르$^{al-jabr}$'에서 왔어요. 아주 오래된 대수학 관련 책의 제목이죠. 정확한 제목은 '알 키타브 알 무트타사르 피 히사브 알 자브르 왈-무카발라$^{al-Kitab\ al-mukhtasar\ fi\ hisab\ al-dschabr\ wa'l-muqabala}$'인데, 우리말로 번역하면 '음수항 이항 및 동류항 정리 과정에 관한 요약본'이라는 뜻이래요.

*** 동치관계에 대한 자세한 내용은 '자무엘의 마법 시계' 편을 참고하세요.

마법의 수 1

필요 인원　마술사 1명

필요한 능력　곱셈 능력(굳이 암산을 하지 않아도 됨)

준비물　칠판 또는 커다란 도화지 1장, 분필이나 매직
펜 1자루, 마술봉 1개

"신사 숙녀 여러분! 어린이 여러분! 다음에 소개할 마술사는 세계적으로 이름을 떨친 마술사 크리스토프입니다! 모두 큰 박수로 환영해 주세요!"

말을 마친 사회자가 무대 밖으로 퇴장하자 기다렸다는 듯 커튼이 열립니다. 커튼 사이로 대형 칠판이 보이고 그 앞에 검은 머리의 소년이 서 있네요. 소년은 어깨에 망토를 두르고 있어요. 망토에는 마술을 상징하는 다양한 무늬가 그려져 있고요. 아, 망토와 같은 천으로 된 뾰족한 모자도 쓰고 있군요. 손에는 반짝이는 마술봉을 들고 있네요. 이쯤 되면 소년이 뛰어난 마술사라는 사실을 의심하는 사람은 없겠죠?

소년은 모자를 벗고 몸을 굽히며 관객들에게 인사를 건넵니다.

"안녕하세요, 여러분."

크리스토프의 목소리는 매우 침착합니다.

"오늘 저는 여러분께 지금 막 개발한 새로운 마술을 보여 드리고자 합니다. 여러분, 세계 최초로 선보이는 제 마술의 증인이 되어 주세요!"

크리스토프가 망토 주머니에서 분필 한 자루를 꺼내더니 칠판에 커다랗게 '37'이라고 씁니다. 다음으로 마술봉을 치켜들어 방금 칠판에 쓴 숫자를 두드리면서 주문을 욉니다.

"수리수리마수리 마법수리 숫자수리!"

크리스토프는 관객들이 지루하지 않도록 금세 다시 말을 잇습니다.

"여기 이 숫자는 마법의 수예요. 이제 이 숫자는 마술처럼 다른 숫자로 바뀔 거예요. 2부터 9까지의 숫자라면 어떤 수든 가능하죠. 흠, 아가씨는 2부터 9까지의 숫자 중에 어떤 숫자를 가장 좋아하나요?"

위대한 마술사 크리스토프가 맨 앞줄에 앉은, 여섯 살쯤 되어 보이는 어린 소녀에게 질문을 던집니다. 그러자 소녀는 수줍어하며 7을 가장 좋아한다고 대답하네요. 소녀의 대답이 끝나기도 전에 크리스토프가 외칩니다.

"좋아요, 이제부터 잘 보세요!"

크리스토프는 칠판에 적힌 37이라는 숫자 뒤에 '×21＝777'이라고 적습니다.

"어때요? 꼬마 아가씨가 제일 좋아하는 숫자가 세 번이나 나왔네요? 보세요, 7, 7 그리고 또 7입니다! 자, 다음에는 어떤 분이 좋아하는 숫자를 만들어 볼까요?"

그러자 객석 뒤편에서 누군가가 외칩니다.

"저요!"

관객 모두가 그 목소리의 주인공이 누구인지 궁금해서 고개를 돌립니다. 거기에는 아홉 살쯤 된 남자아이가 앉아 있었어요. 열심히 오른팔을 들면서 말이에요. 남자아이를 발견한 마술사는 "그래요, 그럼 이 앞으로 나와 주실 수 있을까요?"라고 묻습니다. 그러자 남자아이는 기다렸다는 듯 무대 앞으로 뛰어왔어요.

"어휴, 숨차! 참, 제가 제일 좋아하는 숫자는 4예요."

"그렇군요. 그 숫자를 보여 드리죠."

크리스토프는 침착하게 칠판에 새로운 숫자를 적습니다. 이번에 적은 숫자는 '37037'이군요. 크리스토프가 다시금 마술봉을 들어 올려 칠판에 적힌 숫자를 살짝 건드리더니 외쳤어요.

"수리수리마수리 마법수리 숫자수리! 마법의 힘이여, 부디 이 숫자를 덮어 주소서!"

곧이어 크리스토프는 남자아이에게 분필을 건네며 37037에 12를 곱해 보라고 부탁합니다. 남자아이는 분필을 들고 바삐 계산을 했죠.

"흠, 37037에 12를 곱하면…… 그러니까 답은…… 앗, 444444 예요!"

그러자 관중 몇 명이 박수를 터뜨렸어요. 대마술사 크리스토프도 자신의 마술을 도와준 남자아이에게 박수를 보내며 차분하게 말했 어요.

"잘했어요. 자, 다음 지원자는 누가 될까요?"

그때 나이가 꽤 드신 노부인 한 분이 손을 듭니다. 노부인은 크 리스토프를 지그시 바라보며 따뜻한 미소를 짓더니 이렇게 말합 니다.

"나도 될까요? 난 8이 제일 좋은데…….."

그러자 크리스토프도 미소로 답합니다.

"그럼요, 당연하죠. 앞으로 나와 주실 수 있을까요?"

노부인이 천천히 몸을 일으켜 무대 쪽으로 향하는 동안 크리스토 프는 칠판에 '12345679'라는 아주 긴 숫자를 적습니다.

"먼저 제가 주문을 외울게요. 주문 외우기가 끝나면 이 숫자에 72를 곱해 주세요. 수리수리마수리 마법수리 숫자수리! 마법의 힘 이여, 네 힘을 마음껏 발휘해다오!"

크리스토프는 주문을 외우는 사이에 마술봉으로 칠판에 적힌 숫 자를 두드렸어요. 노부인은 중얼거리면서 열심히 계산을 합니다. 한참 동안 칠판에 숫자를 적어 가면서 계산했는데 드디어 답이 나 왔어요.

그 답은 바로 '12345679×72=888888888'이었어요.

관객들은 크리스토프에게 뜨거운 박수를 보냈고, 크리스토프는 그 소리를 느긋하게 감상하며 흐뭇한 표정으로 노부인께 감사 인사를 드렸어요. 인사를 마친 뒤에는 칠판에 부딪치지 않게 조심하며 지금 막 닫히는 커튼 뒤로 몸을 조금씩 숨겼어요.

사회자는 다음 마술사를 소개하기 시작했어요.

"여러분, 다음 소개해 드릴 분은⋯⋯."

크리스토프가 제아무리 위대한 마술사라 하더라도 마법의 숫자들을 쉽게 만들어 내진 못해요. 사실 37이나 37037, 12345679 같은 숫자들이 특별한 마술을 부릴 것 같진 않잖아요. 게다가 크리스토프가 직접 곱셈을 한 것도 아니고, 관객들에게 곱하라고 부탁한 숫자들, 그러니까 21이나 12, 72도 그다지 특별한 숫자는 아니잖아요?

그런데 가만 보니 이 숫자들 사이에 공통점이 있어요! 모두 3으로 나누어떨어진다는 거죠! 21은 3으로 나누면 7이 되고, 12는 4, 72는 24가 되죠($21 \div 3 = 7$, $12 \div 3 = 4$, $72 \div 3 = 24$). 어? 그리고 보니 크리스토프가 곱하라고 말한 숫자는 관객들이 가장 좋아한다고 말한 숫자에 3을 곱한 거네요? 관객들이 좋아한다고 말한 숫자는 각기 7, 4, 8이었고, 크리스토프가 곱하라고 말한 숫자는 21, 12, 72였잖아요? 아, 노부인의 경우에는 조금 달랐네요. 8에다 3을 곱하면 72가 아니라 24가 되잖아요. 그건 그렇고, 크리스토프는 왜 1부터 9까지가 아니라 2부터 9까지의 숫자 중에서 가장 좋아하는 숫자를 고르라고 했을까요?

그 이유를 알기 위해 실험을 한번 해 보죠. 우선은 37과 37037이라는 숫자를 이용한 처음 두 가지 마술만 관찰하면서 크리스토프가 왜 1을 제외시켰는지 알아볼 거예요. 만일 누군가가 자기가 제일 좋아하는 숫자가 1이라고 했다면 크리스토프는 처음의 숫자에다 3을 곱하라고 했겠죠? 관객들이 좋아하는 숫자에다 3을 곱한 숫자를 처음의 숫자에다 곱하라고 했잖아요. 그러면 $37 \times 3 = 111$이고 $37037 \times 3 = 111111$이 되네요. 어라? 좋아하는 숫자가 1이라도 마술이 성립되네요? 그런데 크리스토프는 대체 왜 2부터 9까지라고 못 박았던 것일까요?

흠, 어렵네요. 그렇다면 일단 다른 숫자들부터 살펴볼까요? 만약 관객 중 누군가가 제일 좋아하는 숫자가 2라고 했다면 상황이 어땠을까요?

2×3을 먼저 계산하거나, 3×5를 먼저 계산하거나 결과는 같아요.

곱셈의 결합법칙

$(2 \times 3) \times 5 = 2 \times (3 \times 5)$

$37 \times (3 \times 2) = (37 \times 3) \times 2 = 111 \times 2 = 222$라는 식이 성립되겠죠? 곱셈에서는 괄호의 위치를 바꿔도 결과는 변하지 않으니까요! 참고로 수학자들은 이 원리를 '곱셈의 결합법칙'이라 부른답니다. 그러니 $37037 \times (3 \times 2) = (37037 \times 3) \times 2 = 111111 \times 2 = 222222$라는 식도 당연히 성립되고요.

혹시 앞의 설명에서 어떤 원칙을 발견했나요? 다른 숫자들을 대입하면 어떤 결과가 나올까요? 9 이하의 다른 숫자들을 대입하면 어떤 결과가 나오는지 직접 실험해 보세요!

이 원칙을 어려운 수학 용어로 설명하자면 다음과 같아요.

> n이 1부터 9까지의 숫자일 때 곱셈의 결합법칙으로 인해 $37 \times (3 \times n) = (37 \times 3) \times n = 111 \times n = nnn$이라는 식이 성립된다. 이때 '$nnn$'이란 111이나 222, 333 등의 숫자를 뜻한다.

이에 따라 크리스토프가 두 번째 마술에서 칠판에 쓴 숫자, 즉 37037에 대해서도 $37037 \times (3 \times n) = (37037 \times 3) \times n = 111111 \times n = nnnnnn$이라는 식도 성립되겠죠. 여기에서도 '$nnnnnn$'은 물론 111111이나 222222 등의 숫자를 의미해요.

자, 그럼 이제 조금 복잡했던 세 번째 숫자 12345679를 연구해 볼까요? 노부인의 경우에는 12345679에 72를 곱해서 888888888이 나왔었죠? 그런데 72는 노부인이 좋아한다고 말했던 숫자 8에다가 3을 곱한 값에 다시 3을 곱한 거예요. 즉 $72 = 3 \times 24 = 3 \times (3 \times 8)$이었던 거죠. 결과적으로 $12345679 \times \{3 \times (3 \times n)\} = 12345679 \times \{(3 \times 3) \times n\} = 12345679 \times (9 \times n) = 111111111 \times n = nnnnnnnnn$이라는 식이 성립되는 거죠. 우리는 이때 1부터 9까지의 한 숫자인 'n'을 '변수'라고 부른답니다. 그런데 괄호의 위치를 다양하게 바꾸는 동안 우리도 모르는 사이에 곱셈의 결합법칙이란 것을 이용했어요. 그것도 한 번이 아니라 여러 번 활용했죠. 게다가 이를 통해 크리스토프의 마술이 $12345679 \times 9 = 111111111$이라는 기본 원칙에 근거한 것이라는 사실도 밝혀냈어요.

그럼 처음 질문으로 돌아가 볼까요? 크리스토프는 왜 관객들에게 2부터 9까지의 숫자 중에서 제일 좋아하는 숫자를 대 보라고 요구했던 걸까요? 의외로 답은 아주 간단하답니다. 크리스토프는 111111 같은 숫자가 칠판에 적힐 경우 관객 중 누군가가 자신의 속임수를 알아챌까 봐 걱정했던 거예요!

지금까지의 실험과 분석을 통해 37, 37037, 12345679가 왜 '마법의 수'인지 확인했을 거예요. 소년 마술사 크리스토프가 예컨대 어떤 곱셈의 마법을 부려서 444444444 같은 숫자를 만들어 내는지 이제 알겠죠? 그런데 우리가 한 가지 잊은 게 있어요. 어떻게 그 수를 만들어 내는지에 대해서는 아직 알아보지 않았잖아요. 하지만 걱정 마세요. 여러분이 생각하는 것보다 훨씬 더 간단하니까요.

자, 예를 들어 nnn이라는 숫자를 얻고 싶다면 n과 관련된 어떤 수에다가 마법의 수를 곱하면 돼요. 그러니 111이라는 숫자를 얻어 내는 방법만 알고 있다면 어떤 공식이든 만들어 낼 수 있어요. 111에다 n을 곱하면 nnn이 되니까 말이에요($nnn = 111 \times n$).

다음으로 우리는 어떤 수들을 곱해야 111이 되는지 알아봐야 해요. 111은 비교적 작은 숫자이니까 여러 가지 방법으로 실험해 볼 수 있겠지만 그보다는 체계적인 방법을 활용하는 것이 더 효과적이에요. 우선 각 자릿수의 합을 알아야 하는데, 이때 '3의 원칙'이 적용된답니다. 즉 각 자리의 숫자를 모두 다 더한 값이 3으로 나누어떨어져야 한다는 원칙이에요. 물론 각 자릿수의 합이 9로 나누어떨어져야 한다는 '9의 원칙'도 적용된답니다.

$1 + 1 + 1 = 3$이 되기 때문에 111은 3으로 나누어떨어집니다. 111을 3으로 나누면 정확히 37이 되죠? 이때 111이라는 결과를

얻어 내기 위한 마법의 수는 37이에요. 111이라는 세 자리 숫자 대신 111111이라는 여섯 자리 숫자를 얻고 싶을 때에도 원칙은 마찬가지예요. $1+1+1+1+1+1=6$이니까, 각 자리의 합은 6이고 6은 3으로 나누어떨어지죠? 따라서 $111111 \div 3 = 37037$이 되고, 37037이 마법의 수가 되는 거예요.

그런데 이 공식을 압축할 수도 있어요. 자, 잘 보세요. $111111 = 111000 + 111 = 111 \times 1000 + 111 = 111 \times 1001$이라는 공식이 성립되죠? 이에 따라 $111111 = (3 \times 37) \times 1001 = 3 \times (37 \times 1001) = 3 \times 37037$이 된답니다.

여기에서 생각을 조금 더 발전시키면 $111111111 = 3 \times 37037037$이 된다는 것도 알 수 있겠죠? 하지만 맨 처음 적는 숫자가 37, 37037, 37037037이라면 관객들이 마술 뒤에 숨은 비밀을 금방 알 수 있을 거예요. 그렇기 때문에 크리스토프는 '9의 원칙'도 활용했어요. 111111111이라는 수의 각 자리의 합은 9이고, 이는 당연히 9로 나누어떨어지는 수예요. 111111111이라는 수를 전자계산기를 이용해 9로 나누면 12345679라는 숫자가 나와요. 이 숫자와 37037 등의 간단한 숫자들을 적당히 섞어 놓으면 관객들이 이 마술 속에 숨은 비밀을 절대 캐내지 못하겠죠?

　이 마술에서 특별히 주의할 사항은 없습니다. 앞서 설명했듯 기본적인 원리만 충분히 이해하면 아이 스스로 얼마든지 자기만의 마술을 만들어 낼 수 있습니다. 이때 111111 등의 이어지는 숫자도 만들 수 있지만 12321이나 12345654321 등의 '오르내리는' 숫자도 만들 수 있습니다. 단 소수素數에는 주의해야 합니다. 소수는 1과 자기 자신을 제외한 그 어떤 수로도 나누어떨어지지 않는 수입니다. 따라서 여기에 소개한 마술에는 적합하지 않답니다.

마법의 수 2

필요 인원   마술사 1명

필요한 능력   곱셈 능력(굳이 암산하지 않아도 됨)

준비물   칠판 또는 커다란 도화지 1장, 분필이나 매직
펜 1자루, 주사위 1개, 탁자 1개,
마술봉 1개

오늘은 비가 억수처럼 쏟아지는 일요일이에요. 그럼에도 불구하고 많은 손님들이 스웨덴의 어느 마을, 정확히 말해 페르손 씨의 집을 찾았답니다. 그 손님들이란 다름 아닌 페르손 씨의 어머니와 아버지(지모네의 할머니와 할아버지), 페르손 씨의 딸 지모네의 대부인 팀 씨, 지모네의 친구인 올레와 미셸 그리고 이웃 꼬마들이에요. 모두 지모네의 마술을 구경하기 위해 한 자리에 옹기종기 둘러앉았답니다.

지모네는 모여든 손님들 앞에서 벌써 두 가지 마술을 뽐냈어요. 지금은 페르손 씨와 페르손 부인이 아이들에게는 비스킷과 주스를, 어른들에게는 과일 샐러드를 나눠 주고 있어요.

간식 시간이 끝나자 지모네는 유리로 된 장식장 앞으로 뚜벅뚜벅 걸어가더니 거기에 커다란 도화지를 붙였어요. 곧이어 지모네는 헛기침을 한두 번 해서 목소리를 가다듬고는 도화지에 '142857'이라고 적었어요. 거실 안은 바늘이 떨어지는 소리도 들릴 만큼 조용했어요. 모두 지모네가 이번에는 또 어떤 마술을 보여 줄지 기대하고 있는 표정이었죠. 그때 지모네가 손님들을 향해 말문을 엽니다.

"간식은 맛있게 드셨나요? 이번에 제가 여러분께 보여 드릴 마술은 저 멀리 인도에서 온 것이랍니다. 지금 우리가 쓰고 있는 숫자도 이름은 아라비아 숫자이지만 실은 인도에서 발명된 거예요. 자, 그럼 제가 적은 숫자를 한번 살펴볼까요? 특별한 원칙이 없죠? 의미 없는 숫자들의 나열 같지 않나요?"

여기까지 말한 지모네는 잠시 뜸을 들이다가 말을 잇습니다.

"그런데 이번 마술에는 조수가 한 명 필요해요. 저를 도와주실 분 없나요?"

그러자 지모네의 대부인 팀 씨가 일어서서 앞으로 나갑니다.

"고마워요, 팀 삼촌. 참, 제 친구들인 미셸과 올레도 이번 마술을 도와줄 거예요. 너희 둘은 삼촌이 계산을 똑바로 하는지 잘 지켜봐야 해, 알았지?"

미셸과 올레는 고개를 끄덕이면서 팀 삼촌 옆에 섭니다. 팀 씨의 자그마한 실수도 결코 놓치지 않겠다는 결연한 의지가 두 사람의 표정에 담겨 있었죠.

"팀 삼촌, 여기 이 주사위를 던진 다음 결과는 제게 비밀로 해 주세요."

삼촌은 지모네가 시키는 대로 주사위를 던졌어요. 삼촌이 주사위를 던지는 동안 지모네는 주문을 외웠어요.

"수리수리마수리 순환수리 빙글빙글수리!"

그런 다음 마술봉을 들어 삼촌이 손에 쥐고 있던 매직펜의 끝을 살짝 두드렸죠.

"자, 이제 도화지에 적힌 이 숫자가 신기한 마술을 부릴 거예요. 어떤 마술을 부리느냐고요? 간단해요! 이 숫자들이 자리를 옮기면서 뱅글뱅글 돌 거거든요. 삼촌, 주사위 눈이 몇 개 나왔는지 삼촌은 아시죠? 여기 적힌 이 142857에 그 숫자를 곱해 보세요."

삼촌은 한참 동안 계산을 하더니 그 답이 714285라고 대답했어요. 그러자 지모네가 재빨리 말했어요.

"아, 주사위 눈이 다섯 개가 나왔나 보네요."

삼촌은 고개만 끄덕였어요. 놀란 관객들에게 지모네는 자신이 주사위 눈의 개수를 알아맞힌 것보다 더 신기한 게 있다고 말해 줬어요.

"앞서 제가 말씀 드렸죠? 숫자들이 빙글빙글 돌 거라고 말예요! 제가 처음 적은 숫자와 삼촌이 말씀하신 답을 비교해 보세요. 달라진 숫자는 하나도 없죠? 게다가 순서도 바뀌지 않았어요. 위치만 살짝 달라졌을 뿐이죠."

손님들은 두 숫자를 열심히 비교해 본 뒤 지모네의 말이 사실이라는 걸 확인했어요.

"이제 주사위를 다시 한 번 던진 뒤 나온 눈의 수와 처음의 수를 곱해 보세요."

지모네의 말이 떨어지기 무섭게 삼촌은 주사위를 던지고 계산을 했어요. 이번에 나온 답은 428571이었어요. 이번에도 지모네는 주사위 눈의 개수를 알아맞혔어요. 페르손 씨 집 거실에 모인 손님들은 지모네에게 아낌없는 박수를 보냈어요. 올레와 미셸은 다시 한 번 삼촌의 계산이 틀림없는지 확인했지만 그 어떤 실수도 찾아낼 수 없었어요. 지모네는 손님들에게 인사를 한 뒤 다음 마술을 준비했어요.

자, 그럼 여기에서 지모네의 마술 뒤에 숨은 원리를 한번 캐내 볼까요?

그 비밀은 의외로 간단하답니다. 지모네가 처음 도화지에 적은 숫자인 142857에 1부터 6까지에 이르는 숫자들을 차례로 곱해 보세요. 숫자가 순환하고 있다는 걸 알겠죠?

맞아요, 순서는 달라지지 않은 채 원처럼 빙글빙글 돌아가고 있는 거예요. 그 결과를 표로 나타내면 다음과 같아요.

주사위 눈의 수(인수)	결과
1	142857
2	285714
3	428571
4	571428
5	714285
6	857142

142857이라는 숫자의 신기한 변화를 맨 처음 발견한 사람은 캘리포니아 출신의 마술사 로이드 존스였어요. 존스는 1942년, 카드 마술을 연구하던 중에 이 원리를 발견했다고 해요.

그런데 지모네는 삼촌이 던져서 나온 주사위 눈의 개수를 어떻게 알아맞혔을까요? 물론 곱셈을 이용해서죠! 하지만 여섯 자리 숫자를 모두 알 필요는 없었어요. 마지막 숫자만 알면 주사위 눈의 개수를 알 수 있으니까요. 어떻게 그렇게 되는지 살펴볼까요?

지모네가 맨 처음 적은 숫자는 142857이었어요, 그렇죠? 여기에서 마지막 숫자는 7이었어요. 7에 1을 곱하면 마지막 자릿수가 7이 되죠? 2를 곱하면 14가 되니까 마지막 자릿수는 4예요. 3을 곱하면 21이니까 마지막 자릿수는 1이 되겠죠. 그러니까 마지막 자릿수만 보고도 어떤 인수(곱하는 수, 즉 여기에서는 주사위 눈의 개수)를 곱했는지 알 수 있었던 거예요.

그런데 안타깝게도 이 마술은 인수가 1부터 6까지일 때만 성립된답니다. 만약 7을 곱하면 어떻게 될까요? 7에 7을 곱하면 49가 되고 마지막 숫자 9는 지모네가 맨 처음 적은 숫자(142857)에 나오지 않아요. 결과적으로 '빙글빙글 마술'이 실패로 돌아가고 마는 거죠. 그렇기 때문에 지모네는 영리하게도 주사위를 이용해 1부터 6까지의 숫자만 인수로 활용한 거예요. 만약 그 이상의 수를 곱했다면 마술이 실패로 돌아가고 말았을 테니까요.

142857이라는 숫자의 순환이 7에서 1을 뺀 6이라는 숫자에서 끝나지만 거기에는 또 하나의 신비가 숨어 있답니다. 만약 142857 에다가 7이라는 소수*의 역수인 $\frac{1}{7}$을 곱하면 어떻게 될까요? 그 답은 20408.142857142857142857…이랍니다. 이때 142857이라는 숫자는 무한대로 반복되죠. 이때 반복되는 '142857'이라는 부분을 수학에서는 '순환소수의 주기'라고 부른답니다. 7보다 훨씬 더 큰 소수 중에도 역수를 곱하면 이와 비슷한 결과를 얻을 수 있는 것들이 몇 개 있답니다.

---

* '소수'의 의미에 대해서는 '마법의 수 1' 편을 참고하세요.

이 마술을 카드놀이에도 응용할 수 있습니다. 물론 원칙은 위와 동일합니다. 142857이라는 숫자를 칠판이나 도화지에 적는 대신 각각의 숫자에 해당하는 패를 탁자 위에 올려놓는 것이지요. 이때 1의 가치를 지닌 카드(예컨대 '에이스')를 가장 왼쪽에 두고 그 오른쪽에는 4의 가치를 지닌 패를 두는 식입니다. 이후, 조수가 관객들이 볼 수 있게 주사위를 던진 뒤 나온 눈의 수와 142857을 곱합니다. 조수가 그 결과를 말하는 즉시 마술사는 암산을 통해 주사위 눈의 수를 알아 맞히고, 그런 다음 카드의 위치를 어느 부분부터 잘라서 이동시킬지 결정하는 것이지요.

앞뒤? 안팎? 홀짝?

필요 인원 마술사 1명 혹은 2명(3개의 마술로 나누어 연출할 수도 있음)

필요한 능력 홀수와 짝수 계산 능력

준비물

첫 번째 마술 같은 종류의 동전 또는 앞면과 뒷면이 분명한 말 10개, 식탁보 1장

두 번째 마술 가운데를 뚫어 놓은 신문지 1장, 4m 가량의 너무 굵지 않은 노끈(이때 노끈은 매듭을 지어 동그랗게 만들어 둠).

세 번째 마술 카드 1세트, 예쁜 무늬의 식탁보 1장, 탁자 1개, 마술봉 2개

여덟 살 난 쌍둥이 남매 '음'과 '양'은 목요일마다 서커스 학교에 갑니다. 거기에서 공이나 접시를 이용한 곡예를 배우고 외발자전거 타는 법도 훈련하죠. 아, 가끔은 마술도 가르쳐 줘요. 오늘은 오는 토요일에 있을 대공연의 예행연습을 할 거예요. 토요일 공연에서 음과 양은 첫 출연자가 될 예정이고요.

드디어 예행연습이 시작되었어요. 떨리는 마음으로 음과 양은 무대 뒤에서 기다렸어요. 마침내 막이 열리고 사회자가 두 사람을 소개하네요.

"여러분, 오늘의 첫 무대는 '앞뒤? 안팎? 홀짝?'이라는 마술로 수놓을까 합니다. 그럼 이제 그 무대를 장식할 마술사들을 소개합니다. 여러분, 음과 양을 박수로 맞아 주세요!"

동전의 양면

음과 양은 비교적 침착하게 무대 중앙으로 나아갔어요. 쌍둥이 남매 중 남동생인 양은 어깨에 커다란 자루 한 개를 메고 있었고 누나인 음은 식탁보 한 장을 들고 있었죠. 두 사람은 작은 무대 중앙에 설치된 탁자 앞으로 다가간 뒤 그 위에 식탁보를 펼쳤어요. 다음으로 음이 객석을 향해 말했어요.

"여러분, 저희는 오늘 여러분께 보여 드릴 첫 번째 마술에 '동전의 양면'이라는 제목을 붙여 봤어요. 먼저 제 동생이 탁자 위에 동전 열 개를 올려 둘 거예요. 그중 몇 개는 앞면이 위로 가 있고 몇 개는 뒷면이 위를 향하고 있을 거고요. 하지만 어떤 동전이 위를 향하고 어떤 동전이 아래를 향하는지는 저희도 알 수 없어요."

음이 관객들에게 설명하는 동안 양은 자루 안에 손을 깊숙이 집어넣더니 동전 열 개가 담긴 투명한 봉투 하나를 꺼냈어요. 그런 다음 짤랑짤랑 소리를 내며 동전들을 탁자 위에 아무렇게나 던져 놓았어요.

음은 동생이 동전을 다 흩어뜨릴 때까지 기다리다가 다시 말을 이어 갑니다.

"이제 여러분 중 한 분이 앞으로 나와서 이 동전들을 뒤집어 주세요. 그림이 위로 가게 하고 싶으면 그렇게 하시고, 숫자가 위로 가는 게 좋으면 그렇게 하셔도 돼요. 자, 지원자 없나요?"

그러자 같은 서커스 학교에 다니는 요나스의 어머니가 손을 들고 무대 위로 올라갑니다. 음은 요나스의 어머니께 다시 한 번 설명했어요.

"앞서 말씀 드렸듯 이제 동전을 뒤집어 주세요. 원하는 대로 아무렇게나 뒤집으시면 돼요. 동전을 뒤집는 동안 동생과 저는 다른 곳을 보고 있을 거예요. 다 뒤집으셨으면 동전 중 한 개를 손바닥으로 가려 주세요. 그러면 우리가 쌍둥이의 마법을 발휘해서 그 동전의 앞면이 위를 향하고 있는지 뒷면이 위를 향하고 있는지 알아맞힐 거예요."

요나스의 어머니는 음이 지시하는 대로 했어요. 그사이에 쌍둥이는 관객을 향해 등을 돌리고 있었고요. 요나스의 어머니는 탁자 위 동전 중 몇 개만 뒤집은 뒤 그중 하나를 다시 뒤집고는 그 동전을 손바닥으로 덮었어요.

"마술사님들, 이제 다 됐어요."

기대된다는 눈빛으로 요나스의 어머니가 말했죠. 쌍둥이는 미리 연습한 대로 호흡을 맞춰 빙그르르 돌면서 한 목소리로 주문을 외웠어요.

"수리수리마수리 우리가 원하는 방향으로 뒤집어져라, 얍!"

주문을 외고 나자 두 사람이 동시에 마술봉으로 탁자를 두드렸죠. 그런 다음 양이 말했어요.

"손으로 덮고 계신 동전은……."

그러자 음이 이어받았어요.

"숫자가 위로 향해 있어요!"

요나스의 어머니는 동전에서 손을 떼고 아이들이 옳다는 것을 확인했어요. 객석에서는 박수가 터져 나왔어요. 개중에서도 쌍둥이의 부모님의 박수 소리가 특히 더 우렁찼다는 사실은 의심할 여지가 없겠죠? 하지만 이게 끝이 아니랍니다. 쌍둥이의 마술은 이제 막 시작되었을 뿐이에요.

감옥 마술

"어때요? 재미있었나요? 그렇다면 얼른 다음 마술을 보여 드릴게요. 다음 마술의 제목은 '감옥 마술'이에요."

양이 관객과 요나스의 어머니를 번갈아 쳐다보며 설명하는 동안 음은 탁자 옆에 놓여 있던 자루에서 매듭이 지어진 기다란 노끈 하나를 꺼냅니다. 음은 그 노끈을 탁자 위에 놓은 다음 구불구불하게 만들었어요. 그러자 양이 설명해 줬어요.

"여러분, 구불구불한 노끈이 보이시나요? 이제 이 노끈의 가장자리를 신문지로 덮을 거예요. 가장자리가 가려지기 때문에 어떤 줄이 열린 줄이고 어떤 줄이 닫힌 줄인지 우리는 알 수 없답니다. 가장자리가 신문지로 덮인 노끈 위에 동전 한 개를 얹어 주세요. 그러면 저희가 그 옆에 네 개를 얹을 거예요. 마지막에 신문지를 치우고 나면 다섯 개의 동전 모두가 '자유의 몸'이 되거나 다섯 개

모두가 '갇힌 몸'이 될 거예요. 어떤 결과가 나올지 기대되지 않나요?"

이번 마술도 아무런 문제없이 착착 진행됩니다. 요나스의 어머니가 동전 하나를 올려놓은 뒤 음과 양이 번갈아가며 나머지 동전 네 개를 '노끈 뱀' 위에 얹었어요. 동전 올려놓기가 끝나자 이번에도 두 사람은 입을 맞추어 주문을 외웠어요.

"수리수리마수리 같은 위치로 이동하라, 얍!"

그런 다음 노끈을 가리고 있던 신문지를 치웠죠. 앗, 그런데 이게 어찌 된 일일까요? 동전 네 개는 노끈에 둘러싸여 있는데 하나가 끈 바깥으로 나가 버렸어요! 음과 양은 당황한 표정으로 서로를 바라봅니다. '어라, 뭔가 잘못된 것 같은데? 휴, 오늘이 진짜 공연이 아니라 예행연습이어서 다행이야…….' 서커스나 연극계에 종사하는 사람들 사이에는 예행연습 때 실수를 하면 진짜 공연 때 더 큰 성공을 거둘 수 있다는 미신이 존재하기도 한답니다.

음과 양이 새빨개진 얼굴로 어쩔 줄 몰라 하자 사회자가 당황하지 말고 다시 한 번 해 보라고 제안합니다. 다행히 두 번째는 성공적이었어요. 객석에서는 다시금 박수가 터졌죠.

음과 양이 손에 손을 맞잡고 인사를 하자 관객들은 앙코르를 외쳤어요. 그 소리를 듣자 두 사람은 다시 마음이 진정됐어요. 원래 세 가지 마술을 준비했는데 관객들이 앙코르를 외쳐 주니 다행이라는 마음도 들었죠.

음은 신이 나서 자루를 뒤지더니 카드 한 세트를 꺼냈어요. 그동안 양은 관객 중 한 명에게 무대 앞으로 나와 손가락을 쫙 펼친 채로 양손을 탁자 위에 얹어 달라고 부탁했어요. 제일 먼저 손을 든 신사분이 서둘러 무대 위로 뛰어나왔어요. 그는 탁자 위에 손을 얹더니 대체 어떤 마술이 펼쳐질지 궁금해서 못 참겠다는 표정을 지었어요.

피아노 마술

음이 다시 객석을 향해 말합니다.

"여러분, 이번 마술은 '피아노 마술'이에요. 손가락을 쫙 벌린 모양이 마치 피아노를 연주하고 있는 것 같아서 그런 제목을 붙인 거예요."

그러자 양이 음의 말을 이어받습니다.

"신사분의 오른손과 왼손의 손가락들 사이에 각기 카드 두 장씩을 꽂을 거예요. 단, 왼손 넷째 손가락과 새끼손가락 사이에는 카드를 한 장만 꽂을 거예요."

말을 마치기도 전에 양은 신사분의 오른쪽 새끼손가락 쪽부터 카드를 꽂기 시작합니다. 양이 카드 꽂기에 열중하는 동안 설명은 다시 음의 몫이 되었죠.

"동생이 카드를 다 꽂으면 제가 그 카드를 다시 수거할 거예요. 그런 다음 카드를 두 개의 무더기로 쌓아 올릴 거예요. 각 손가락 사이에서 수거한 카드 중 하나는 왼쪽 무더기에, 하나는 오른쪽 무더기에 올려놓는 거죠."

음은 설명을 하면서 이미 카드를 수거해 두 개의 무더기를 쌓기 시작했어요. 왼쪽, 오른쪽, 왼쪽, 오른쪽…… 반복하다 보니 드디어 마지막 카드 한 장만 남았어요. 음은 신사분께 그 카드를 왼쪽과 오른쪽 중 어느 무더기에 올려 둘지 결정하라고 했죠. 신사분은 왼쪽을 선택했어요.

이번에는 양이 말합니다.

"이제 카드를 두 장씩 짝지어 내려놓아 볼게요. 아마도 왼쪽 무더기에서 한 장이 남겠죠? 흠, 그런데 별로 재미가 없잖아요? 아무래도 왼쪽 무더기의 카드 한 장을 마술로 이동시키는 게 더 재미있을 것 같아요. 제가 손을 대지 않고 왼쪽 무더기의 카드 한 장을 오른쪽으로 옮겨 놓을게요. 어때요? 카드를 이동시킬 수 있는지 없는지 한번 보실래요? 수리수리마수리 오른쪽 무더기로 이동하라, 얍!"

말을 마친 양은 우선 왼쪽 무더기의 카드를 두 장씩 짝지어 내려놓았어요. 그런 다음 오른쪽 무더기의 카드를 다시 두 장씩 짝을 지어 내려놓았죠. 그런데 이게 웬일일까요? 오른쪽 무더기의 카드 중 한 장이 짝이 없이 홀로 남았어요! 분명 왼쪽 무더기에서 남아야 할 카드가 오른쪽 무더기에서 남은 거예요. 카드가 정말 왼쪽 무더기에서 오른쪽 무더기로 쥐도 새도 모르게 이동한 거죠! 관객들은 박수갈채를 보냈고, 쌍둥이는 몸을 굽혀 절한 뒤 물건들을 다시 자루에 담아 퇴장했어요. 토요일 공연에서도 모든 게 지금처럼 성공하겠죠?

오늘 예행연습에서 음과 양은 동전의 앞면이냐 뒷면이냐, 동전 다섯 개가 모두 노끈의 안쪽에 있느냐 바깥쪽에 있느냐, 카드 한 장이 왼쪽에서 남느냐 오른쪽에서 남느냐 하는 문제로 마술을 부렸어요. 그런데 세 가지 마술 모두에 공통점이 있어요. 정답은 바로 '둘 중 하나'라는 것이죠. 그리고 앞이냐 뒤냐, 안이냐 밖이냐, 왼쪽이냐 오른쪽이냐 하는 문제는 결국 홀이냐 짝이냐 하는 질문과 같습니다!

홀수와 짝수에 대해서 기억을 한번 더듬어 볼까요? 짝수는 2로 나누어떨어지는 숫자들이에요. 2, 4, 6, … 등이 짝수가 되는 거죠. 그렇지 않은 숫자들은 모두 다 홀수예요(1, 3, 5, …).* 모든 숫자는 홀수 아니면 짝수예요. 그리고 어떤 숫자에 짝수를 더하면 그 숫자가 지니고 있던 원래의 성질은 바뀌지 않아요. 즉 원래 홀수였다면 짝수를 더해도 홀수가 되는 거고 원래 짝수였다면 짝수를 더해도 짝수가 되는 거죠.

예를 들어, 14는 2로 나누어떨어지는 숫자, 즉 짝수죠(14÷2=7). 따라서 8이라는 짝수에 짝수인 14를 더하면 그 결과 역시 짝수가 되고(8+14=22), 5라는 홀수에 짝수인 14를 더하면 그 결과 역시 홀수가 된답니다(5+14=19). 그런데 어떤 수에 홀수를 더하면 어떻게 될까요? 원래 수가 짝수이면 홀수를 더한 값은 홀수가 되고 원래 수가 홀수이면 홀수를 더한 값이 짝수가 돼요. 짝수 8에다 홀수 9를 더하면 17이라는 홀수가 나오고 홀수 5에다가 홀수 9를 더하면 14라는 짝수가 나오죠?

이 원칙만 마음속에 새기고 있으면 쌍둥이 남매의 첫 번째 마술 속에 담긴 원리도 쉽게 이해할 수 있어요. 음과 양은 요나스 어머니의 손 아래에 감춰진 동전의 어느 면이 위를 향하고 있는지 어떻게 알아맞힐 수 있었을까요? 그 비밀은 바로 앞면, 즉 그림이 위를 향하고 있는 동전('앞면 동전'이라고 줄여 말해도 괜찮겠죠?)의 개수에 있어요. 좀 더 정확히 말하자면 음과 양은 '앞면 동전'의 개수가 홀인지 짝인지를 유심히 관찰했던 거예요.

---

* 여기에서 말하는 '숫자'는 1, 2, 3, … 등 자연수만 가리킵니다.

맨 처음 양이 동전을 아무렇게 탁자 위에 펼쳐 놓을 때 음과 양 두 사람은 관객들 몰래 앞면 동전의 개수가 홀수인지 짝수인지 셌답니다. 그런 다음 요나스의 어머니가 동전을 몇 번 뒤집는지를 센 거예요. 등을 돌리고 있어서 비록 동전을 뒤집는 모습을 볼 수는 없었지만 동전을 뒤집을 때 나는 소리는 들을 수 있었으니까요. 그런데 사실 정확히 몇 번 세는지는 몰랐을 수도 있어요. 그리고 그건 중요하지도 않아요. 뒤집는 횟수가 짝수인지 홀수인지만 알면 충분했죠. 요나스의 어머니가 "이제 다 됐다."고 말했을 때 두 사람은 다시 한 번 관객들이 눈치채지 못하게 탁자 위의 동전 중 앞면 동전이 몇 개인지 세었어요.

그런데 어떻게 이 정보만 가지고 부인이 손으로 가린 동전의 앞면이 위를 향하고 있는지 뒷면이 위를 향하고 있는지 알아낼 수 있었을까 궁금하지 않나요? 쌍둥이 남매가 어떻게 알아맞혔는지 우리 같이 추적해 볼까요?

자, 만약 요나스의 어머니가 동전을 하나도 안 뒤집었다면 어떤 결과가 나올지 생각해 봐요. 맨 처음 탁자 위에 펼쳐진 동전 중 앞면 동전의 개수는 짝수였다고 가정하고 말이에요. 부인이 만약 앞면 동전 중 하나를 손으로 가렸다면 남은 동전 중 앞면 동전의 개수는 홀수가 되겠죠? 짝수에서 홀수인 1을 빼면 홀수가 되니까요. 반대로 요나스의 어머니가 뒷면 동전을 손으로 가렸다면 앞면 동전의 개수는 처음과 다르지 않았을 거예요. 물론 짝수인지 홀수인지도 달라지지 않았을 테니, 여기에서는 앞면 동전의 개수가 당연히 짝수가 되겠죠? 이런 방식으로 음과 양은 부인이 가리고 있는 동전의 어느 면이 윗면을 향하고 있는지 금세 알아맞힐 수 있었던 거예요. 여러분의 이해를 돕기 위해 지금까지 알아본 내용을 표로 만들어 볼게요.

처음 '앞면 동전'의 개수	동전을 가린 뒤 '앞면 동전'의 개수	가린 동전이 가리키는 면
짝수	홀수	앞면(그림)

만약 반대의 경우라면, 다시 말해 맨 처음에 앞면 동전의 개수가 홀수였다면 다음과 같았겠죠.

처음 '앞면 동전'의 개수	동전을 가린 뒤 '앞면 동전'의 개수	가린 동전이 가리키는 면
홀수	홀수	뒷면(숫자)

앞에서 요나스의 어머니가 동전을 뒤집지 않은 상황에 대해 살펴봤죠? 그렇다면 동전을 뒤집었을 경우에 대해서도 알아봐야겠군요. 만약 동전을 한 개만 뒤집었다면 앞면 동전의 개수가 하나 늘어났거나 하나 줄어들었 겠죠? 부인이 원래 앞면이 위로 향한 동전을 뒤집었는지 뒷면이 위로 향한 동전을 뒤집었는지에 따라 그 결과는 달라질 거예요. 그런데 만약 맨 처음 앞면 동전의 개수가 짝수였다면 어떤 동전을 뒤집든 간에 앞면 동전

의 개수는 홀수가 될 거예요. 반대로 맨 처음에 앞면 동전의 개수가 홀수였다면 짝수로 바뀔 테고 말이죠. 이런 원리를 바탕으로 손바닥에 가려진 동전이 어느 면을 향하고 있는지 쉽게 추리할 수 있었답니다. 그 과정을 표로 나타내면 다음과 같아요.

처음 '앞면 동전'의 개수	동전 한 개를 뒤집은 다음의 '앞면 동전'의 개수	동전을 가린 뒤 '앞면 동전'의 개수	가린 동전이 가리키는 면
짝수	홀수	짝수	앞면(그림)
짝수	홀수	홀수	뒷면(숫자)
홀수	짝수	짝수	뒷면(숫자)
홀수	짝수	홀수	앞면(그림)

만약 단 한 개의 동전만 뒤집었다면 앞의 표와 같은 결과가 나오겠죠. 이제 두 개의 동전을 뒤집었다면 어떤 결과가 나올지도 알아봐야겠죠? 나중에 다시 설명하겠지만 동전을 몇 개 뒤집었든 그 결과는 한 개를 뒤집었을 때 혹은 두 개를 뒤집었을 때와 동일하답니다. 만약 요나스의 어머니가 두 개의 동전을 뒤집었다면 다음의 경우들을 생각해 볼 수 있어요.

먼저 앞면 동전만 뒤집은 경우가 있을 수 있겠죠(이 경우, 앞면 동전 두 개가 줄어드는 거예요. 즉 짝수만큼 줄어드는 것이죠). 혹은 뒷면 동전 두 개를 뒤집었을 수도 있겠죠(이 경우, 뒷면 동전 두 개가 줄어드는 거예요. 이 경우에도 짝수만큼 줄어드는 것이죠. 앞면 동전 두 개가 늘어난다고 생각해도 결과는 똑같아요). 지금까지 말한 두 가지 경우가 아니라면 앞면 동전 하나와 뒷면 동전 하나를 뒤집는 경우가 있겠죠(이 경우, 앞면 동전의 개수는 전혀 달라지지 않아요).

자, 정리해 볼까요. 두 개의 동전을 뒤집을 경우, 앞면 동전의 개수가 홀수인지 짝수인지 여부는 전혀 달라지지 않아요. 즉 동전을 아예 뒤집지 않는 것과 같은 효과가 나타나는 것이죠. 여러분의 이해를 돕기 위해 이 내용을 표로 만들어 볼게요.

처음 '앞면 동전'의 개수	동전 한 개를 뒤집은 다음의 '앞면 동전'의 개수	동전을 가린 뒤 '앞면 동전'의 개수	가린 동전이 가리키는 면
짝수	짝수	짝수	뒷면(숫자)
짝수	짝수	홀수	앞면(그림)
홀수	홀수	짝수	앞면(그림)
홀수	홀수	홀수	뒷면(숫자)

관객이 두 개 이상의 동전을 뒤집은 경우라 하더라도 뒤집은 동전의 개수가 홀수인지 짝수인지만 알면 돼요. 홀수라면 동전 한 개를 뒤집을 때와 같은 결과가 나오겠죠. 짝수만큼의 동전을 더 뒤집는다고 해서 홀짝이 뒤바뀌는 건 아니니까 말예요. 그리고 만약 짝수만큼 뒤집었다면 동전을 한 개도 뒤집지 않거나 두 개를 뒤집은 경우와 같은 결과가 나올 거예요.

그런데 쌍둥이 남매는 혹시라도 마술이 실패로 돌아갈 것을 염려해서 보다 확실한 무언가를 마련했어요. 다음 표가 바로 그것이죠.

처음 '앞면 동전'의 개수	뒤집은 동전의 개수(홀짝)	동전을 가린 뒤 '앞면 동전'의 개수	가린 동전이 가리키는 면
짝수	짝수	짝수	뒷면(숫자)
짝수	짝수	홀수	앞면(그림)
짝수	홀수	짝수	앞면(그림)
짝수	홀수	홀수	뒷면(숫자)
홀수	짝수	짝수	앞면(그림)
홀수	짝수	홀수	뒷면(숫자)
홀수	홀수	짝수	뒷면(숫자)
홀수	홀수	홀수	앞면(그림)

'동전의 양면' 마술에 대해서는 이제 충분히 이해했으리라 믿고 다음 마술로 넘어갈게요. 다음 마술이 뭐였죠? 아, 노끈을 이용해 동전을 '죄수'로 만드는 '감옥 마술'이었죠? 이 마술 역시 홀짝의 원칙에 근거한 거예요. 그 외에 중요한 원칙을 또 꼽으라면 아마도 노끈이 절대 서로 겹치지 않아야 한다는 것 정도가 되겠죠.

아, 미안해요. 한 가지가 빠졌네요. 이 마술에는 '조르당의 곡선 정리'

라는 개념도 들어가 있어요. 이 개념은 위상수학[**] 분야에서 매우 중요한 개념이랍니다. 조르당의 곡선 정리는 프랑스의 수학자 카미유 조르당[1883~1922]이 정리한 것으로, '서로 겹치지 않는 닫힌곡선(단일폐곡선)은 하나의 면(이 마술에서는 탁자가 면이 됨)을 두 개로 나눈다'는 내용이에요. 즉 닫힌 면과 그렇지 않은 면으로 나누는 것이죠.

이때 아주 재미있는 현상이 발생해요. 어떤 현상이냐고요? 흠, 우선 매듭을 지은 노끈 하나를 서로 겹치지 않게, 최대한 구불구불하게 탁자나 책상 위에 펼쳐 보세요. 그런 다음 노끈 안 아무 지점에 손가락을 대고 천천히 움직여 보세요. 노끈을 건드릴 때마다 손가락은 안에서 밖으로, 혹은 밖에서 안으로 이동할 거예요, 그렇죠? 물론 노끈 바깥에 출발점을 정하고 손가락을 움직여도 결과는 마찬가지예요.

음과 양은 이런 원리를 이용해 두 번째 마술을 고안해 냈어요. 쌍둥이 남매는 요나스의 어머니가 맨 처음에 얹은 동전이 노끈의 바깥에 있는지 안에 있는지 몰랐어요. 동전들이 자유의 몸인지 갇힌 몸인지 알 수 없었던 거죠. 하지만 문제 될 것은 없었어요. 처음 동전이 놓인 위치에서 짝수만큼의 노끈을 통과한 지점 아무

곳에나 동전을 두면 됐으니까요. 그렇게만 하면 처음 동전이 만약 갇힌 몸
이라면 나머지 동전들도 모두 갇힌 몸이 되고 그게 아니라면 모든 동전들
이 자유의 몸이 되거든요. 짝수만큼의 줄을 건너뛰어야 한다는 점에만 유
의하면 첫 번째 동전과 늘 똑같은 신분이 될 수 있으니까 말예요!

자, 앞의 그림들을 한번 보세요. 첫 번째 동전이 만약 A에 놓여 있다면
거기에서 짝수의 줄만큼을 건너뛴 위치에 동전을 놓아야 한답니다. 예를 들
어 B가 그 위치겠죠? 하지만 F에다가 동전을 놓으면 안 된답니다. 이때, 아
직까지는 A가 자유의 몸인지 갇힌 몸인지 알 수 없어요. 하지만 적어도 A와
B의 신분은 동일하고, F는 그 둘과 신분이 다르다는 것은 알 수 있죠.

마지막으로 '피아노 마술'에 대해 알아볼까요? 피아노 마술의 원리 역
시 매우 간단하답니다. 피아노 마술이 어떤 것이었죠? 그래요. 관객 중 한
사람이 양손을 쫙 펼친 채 탁자 위에 얹으면 음과 양이 손가락 사이사이에
각기 한 쌍의 카드를 꽂았어요. 물론 왼쪽 엄지와 오른쪽 엄지 사이에는

카드를 한 장도 꽂지 않았고 왼손 네 번째 손가락과 새끼손가락 사이에는 한 장의 카드만 꽂았어요. 그다음 쌍둥이 남매는 카드를 다시 수거한 뒤 각각의 쌍을 두 무더기로 나누어 쌓았어요. 그리고 마지막으로 남은 한 장을 오른쪽 무더기에 올릴 것인지 왼쪽 무더기에 올릴 것인지는 관객에게 직접 결정하라고 했죠. 곧이어 각각의 무더기에 쌓인 카드의 개수가 홀수인지 짝수인지를 확인했어요. 그랬더니 결과가 어땠나요? 신기하게도 카드 한 장이 이쪽 무더기에서 저쪽 무더기로 옮겨 갔죠?

지금부터 그 비밀을 차근차근 파헤쳐 볼까요?

피아노 마술에서 도우미를 자청한 남자의 손가락 개수는 열 개예요. 대부분 사람들이 그렇듯이 말이죠. 그러니 두 손가락 사이에 카드를 꽂을 경우, 카드를 꽂을 수 있는 공간은 한 손에 네 개씩이고, 두 손을 합하면 여덟 개가 되죠. 그중 일곱 개의 공간에는 카드를 한 쌍씩 꽂고 나머지 한 개의 공간에는 한 장만 꽂았어요. 따라서 마지막 카드를 제외한 카드들을 두 무더기로 나누어 쌓아 가면 결국에는 각 무더기에 카드가 일곱 장씩 쌓이겠죠? 즉 홀수만큼의 카드가 쌓이는 거예요. 그리고 마지막 장은 관객의 결정대로 왼쪽 무더기에 올려놓았어요. 왼쪽 무더기에는 총 몇 개의 카드가 쌓여 있나요? 여덟 장이죠?

이제 아셨나요? 왼쪽 무더기에는 원래 짝수만큼의 카드(8장)가 쌓여 있었던 거예요. 오른쪽에는 원래 홀수만큼의 카드(7장)가 놓여 있었던 거고요. 즉 카드가 저절로 이동한 게 아니었다는 뜻이랍니다!

양은 왜 관객들에게 왼쪽 무더기에서 카드 한 장이 남을 거라고 말했을까요? 관객들은 또 왜 왼쪽에 홀수만큼의 카드가 쌓여 있을 거라 생각했을까요? 양이 관객들에게 그렇게 설명한 이유는 분명해요. 그래야 자신들의 공연이 마술처럼 보일 테니까요!

관객들은 양의 설명을 곧이곧대로 믿었어요. 그전까지 음과 양이 어떤 행동을 했는지 돌이켜보면 관객 중 아무도 의심을 품지 않은 게 당연해요. 음이 먼저 도우미 남자분의 손가락 사이에 카드를 두 장씩 꽂았고 양이 나중에 그것을 두 장씩 수거한 뒤 무더기 두 개를 쌓았잖아요. 그러니 그 자리에 있던 사람들 모두가 홀로 남은 마지막 한 장이 더해진 무더기는 무조건 홀수가 될 거라고 착각한 거예요.

그런데 양의 설명을 전혀 의심하지 않게 만든 이유가 또 하나 있어요. 그건 바로 우리 모두가 착각 속에 살고 있다는 거예요. 무슨 말이냐고요? 그 답을 알고 싶다면 다음 질문에 아주 빨리 대답해 보세요. 길게 생각하지 말고 질문이 끝나는 즉시 대답해야 돼요, 알겠죠?

여러분이 살고 있는 집 앞에 기다란 길거리가 펼쳐져 있다고 가정해 보세요. 그런데 그 길거리에는 가로등 열 개가 서 있어요. 그 가로등 사이사이에 각기 한 대의 차를 세워 둔다면 총 몇 대의 차가 서 있게 될까요?

아마도 '열 대'라고 대답한 친구들이 적지 않을 거예요. 하지만 그 답은 틀렸어요. 열 개의 가로등 사이사이에 한 대씩 주차하면 총 아홉 대의 차가 서 있게 된답니다. 피아노 마술에서도 그러한 본능적 착각이 작용한 거예요. 남자분의 손가락이 열 개이니까 카드를 꽂을 수 있는 공간도 열 개라고 착각하는 거죠. 그런데 엄지와 엄지 사이를 비워 두고 맨 마지막 공간에는 카드를 한 장만 꽂았으니 한 쌍의 카드를 꽂은 공간이 여덟 개라고 모두 착각했어요.

하지만 실제로는 어땠나요? 양손을 쫙 펼쳤을 때 손가락과 손가락 사이에 생기는 공간은 총 아홉 개이고, 거기에서 엄지와 엄지 사이의 공간을 빼고 카드를 한 장만 꽂은 공간까지 빼면 남은 공간은 총 일곱 개가 됩니다. 그러니 마지막 카드 한 장을 쌓지 않은 상태에서 두 무더기에 각기 일곱 개의 카드가 놓여 있었던 거죠.

앞에 소개한 세 가지 마술은 모두 다 간단히 연출할 수 있는 것들입니다. 단, 각각의 마술을 훌륭하게 소화하려면 사전에 몇 가지 연습은 필요하겠죠.

첫 번째 마술을 사람들 앞에서 완벽하게 선보이려면 맨 처음 앞면 동전의 개수가 홀수이냐 짝수이냐에 따라 달라질 수 있는 경우의 수를 외우고 있어야 해요. 앞서 여덟 가지 경우의 수를 도표로 나타냈었죠? 그 표를 완벽하게 이해하고 외우고 있어야 하는 겁니다. 하지만 암기가 여의치 않다면 주머니 속이나 식탁 귀퉁이에 감추고 있다가 슬쩍 훔쳐보는 것도 괜찮은 방법입니다.

두 번째 마술에서는 노끈이 서로 겹치지 않게 주의해야 합니다. 또 아이에게 원리를 확실하게 이해시키려면 우선은 신문지를 덮지 않은 상태에서 여러 차례 연습을 해 보는 것이 좋습니다.

세 번째 마술은 연습 없이도 할 수 있을 만큼 간단합니다. 물론 여러 차례에 걸쳐 연습한다면 더더욱 완벽하게 소화할 수 있겠죠. 연습을 하는 동안 부모님께서는 카드의 위치가 어떻게 이동하는지 주의 깊게 지켜봐 주시고, 왜 카드가 '이동할 수밖에 없는지'에 대해서도 함께 토론해 보세요.

제2장

숫자 마술

언제나 7만 나와요!

필요 인원	마술사 1명
필요한 능력	각종 연산 능력
준비물	'7'이 적힌 메모지가 들어 있는 편지 봉투 1장, 마술봉 1개

　금발머리의 열 살 난 소년 만프레드는 기차에 앉아 하품을 하고 있어요. 벌써 세 시간째 기차를 타고 있으니 지루할 만도 하겠죠? 챙겨 온 만화책들도 다 읽었는데 아직도 삼십 분이나 더 가야 하다니…… 휴우, 어떻게 해야 시간이 빨리 갈까요?

　어, 그런데 방금 선 역에서 세 아이가 엄마와 함께 올라탔어요. 그 아이들이 무슨 얘기를 하는지부터 들어볼까요?

　만프레드보다 나이가 많아 보이는 남자아이 둘과 만프레드보다 어려 보이는 여자아이 하나는 지금 막 어젯밤에 본 서커스 공연에 대해 이야기를 나누고 있어요. 가장 나이가 많은 아이가 동생들에게 최면술사가 제일 재미있었다고 말하네요. 그 최면술사는 관객들에게 최면을 걸었고, 관객들은 최면술사가 시키는 대로 다 했대요. 세 친구들도 무대 위를 기어 다니고 닭 울음소리를 내고 강아지처럼 최면술사의 귀를 핥기까지 했다나 봐요.

세 친구들의 수다에 귀를 쫑긋 세우고 있던 만프레드는 더 이상 참지 못하고 대화에 끼어들었어요. 만프레드도 서커스라면 사족을 못 쓸 만큼 좋아하거든요.

"난 나중에 커서 서커스 단원이 되어 전 세계를 누빌 거야! 여러 가지 마술도 할 수 있어. 그중 하나는 최면을 거는 마술이야."

그러자 세 아이가 놀란 표정으로 만프레드를 쳐다봤어요. 그때 맏형이 만프레드에게 말했어요.

"그렇다면 우리 앞에서 시범을 보여 봐!"

만프레드는 얼른 자리에서 일어나 좌석 밑에 있던 가방을 꺼냈어요. 가방 안을 마구 뒤지던 만프레드는 결국 마술봉과 편지 봉투 한 장을 꺼냈죠.

만반의 준비를 갖춘 만프레드가 인사말부터 시작합니다.

"신사 숙녀 여러분, 오늘 제가 여러분께 최고의 마술을 보여 드릴 거예요. 제 마술은 바로 이 봉투 안에 든 쪽지에 적혀 있답니다. 수리수리마수리 일곱의 비밀이여, 네 힘을 우리에게 보여 다오! 자, 이제 시작해 볼까요?"

말을 마친 만프레드는 무릎을 굽혀 의자 위에 놓아 둔 봉투를 마술봉으로 톡 건드립니다. 여섯 명만 앉을 수 있는 칸막이 객실이라 공간이 좁았지만 그래도 마술은 서서 해야 한다는 게 만프레드의 지론이었거든요.

다음으로 만프레드는 마술봉으로 공중에 곡선을 그리면서 아이들에게 말합니다.

"이제 각자 숫자 한 개씩을 마음속으로 생각해 주세요. 그런 다음 그 숫자에 2를 곱하세요. 다음으로 거기에 14를 더하세요."

만프레드가 다시 공중을 가르며 신비한 곡선을 그리는 동안 아이들은 머릿속으로 열심히 셈을 했어요. 남자아이들은 혼자서도 계산을 잘 했지만 어린 여자아이는 엄마의 도움을 조금 받았어요.

"거기까지 계산이 끝났으면 이제 그 결과를 반으로 나누세요."

그런 다음 만프레드는 아이들에게 생각할 시간을 조금 줍니다.

"다음으로 그 숫자에서 맨 처음 마음속에 떠올렸던 숫자를 빼 보세요. 됐나요? 자, 처음에 여러분이 생각한 숫자는 아마도 저마다 다를 거예요. 그리고 그 숫자는 나도 알 수 없답니다. 하지만 지금 여러분 마음속에 있는 숫자는 알아맞힐 수 있어요. 마법의 힘이 나를 도와줄 테니까 말이에요. 수리수리마수리! 흠, 이제 다 됐어요. 여러분이 지금 생각하고 있는 숫자는 바로 이거예요!"

만프레드는 봉투를 열어 메모지 한 장을 꺼냈어요. 거기에는 '7'이라고 적혀 있었죠. 아이들과 아이들의 어머니는 눈이 휘둥그레졌어요. 마지막으로 나온 답이 모두 다 7이었거든요. 세 친구와 그어머니는 열띤 박수를 보냈어요. 그때 안내 방송이 흘러나왔어요.

"승객 여러분, 이 열차는 잠시 후 빌레펠트 역에 도착할 예정입니다. 빌레펠트 역은 이 열차의 종착역이오니 모두 빠뜨린 물건이 없는지 다시 한 번 확인하시고 하차해 주시기 바랍니다."

마술 시범을 보이는 동안 시간이 정말 마술처럼 빨리 흘러갔나 봐요. 만프레드는 마술봉과 편지 봉투를 다시 가방에 집어넣고 세 아이와 작별 인사를 나눈 뒤 기차에서 내렸어요.

여러분도 마음속에 숫자를 떠올리고 만프레드의 지시에 따라 계산을 해 보았나요? 친구들 중에는 벌써 이 마술의 비밀을 캐낸 사람도 있을 거예요. 알고 나면 이 마술 뒤에 숨은 비밀도 매우 간단하답니다. 그럼 우리 모두 만프레드가 되어 비밀을 하나씩 풀어 볼까요?

만프레드의 입장에서 보면 계산 과정은 다음과 같아요.

먼저 관객들 각자가 N이라는 숫자를 마음속에 생각합니다. 다음으로 그 수를 두 배로 만들죠. 즉, 처음 생각한 수 N에다가 2를 곱하는 거예요 $(2 \times N)$. 그런 다음 14를 더합니다$(2 \times N + 14)$. 이어 지시에 따라 그 결과를 2로 나누는데, 이때 $(2 \times N + 14) \div 2 = (2 \times N) \div 2 + 14 \div 2 = N + 7$이라는 식이 성립돼요. 어떻게 그렇게 되냐고요? 그건 바로 분배법칙 덕분이랍니다. 분배법칙 때문에 괄호를 풀 수 있었던 거죠.

아직까지 이해가 안 된대도 걱정할 필요는 없어요. 계속 읽어나가다 보면 자연스럽게 이해될 테니까 말예요.

여기서 기억을 한번 되살려 볼까요? 관객들이 맨 마지막으로 한 계산이 어떤 거였죠? 맞아요. 자신들이 처음에 생각했던 숫자를 뺀 거예요. 즉 $N+7$인 상태에서 N을 빼 버린 거죠. 그러니 $(N+7)-N=7$이 되는 거예요.[*] 즉 관객이 처음에 어떤 숫자를 떠올렸든 상관없이 답은 늘 7이 되는 거랍니다.

원리만 이해하면 이와 비슷한 마술들을 얼마든지 만들어 낼 수 있어요. N이라는 숫자에 각종 연산을 하게 만든 다음 N의 배수들을 제거하게만 한다면 말예요. 앞서 설명했듯 그 공식은 예를 들면 $(2 \times N + 14) \div 2 - N = 7$ 같은 거죠. 단 '마술 뒤에 숨은 수학적 원리' 부분에 나오는 각종 연산법칙들에 유의해야 해요. 그렇지 않으면 마술이 실패로 돌아갈 수 있으니까요.

또 새로운 공식을 만들 때에는 미지의 수 N을 중간에 아무 숫자로나 나누게 해서는 안 돼요. 그랬다가는 분수가 나오는 사태가 발생할 수도 있으니까요. 물론 분수 계산에 자신 있는 친구들이라면 아무 문제도 되지 않겠지만 말예요. 또 답이 되는 숫자(여기에서는 7)로 나누게 하지도 말고, 관객들이 맨 처음 떠올리는 숫자가 0이어서는 안 된다[**]는 점에도 주의하세요!

---

[*] 여기에서는 덧셈의 결합법칙과 교환법칙이 적용되었어요. 이 법칙들에 대한 더 자세한 설명은 '아리따운 예언자'와 '숫자 로켓' 부분에 나와 있답니다.

[**] 숫자 0이 포함되는 나눗셈에는 문제가 많습니다. 마술에 적합하지 않을 정도로 말이죠!

분배법칙은 연산의 다양한 법칙 중 하나로 $a \times (b+c)$, $b \times (a-c)$, $(a+b) \div c$ 등의 식에서 사용할 수 있습니다. 이때 a와 b, c는 물론 임의의 어느 숫자를 가리키는 것이고요. 그런데 이 식들의 공통점은 덧셈이나 뺄셈 부분은 괄호로 묶여 있고($b+c$, $a-c$, $a+b$) 그 부분이 다시 곱셈이나 나눗셈과 연결되어 있다는 거예요. 그리고 이때 $a-c=a+(-c)$라는 공식도 성립됩니다. 예를 들어 $7-5=7+(-5)$처럼 말예요. 그게 결국 7에서 5를 뺀 것과 같아요.

다시 분배법칙으로 돌아와서 설명하자면 분배법칙이란 앞서 말한 식들, 즉 $a \times (b+c)$, $b \times (a-c)$, $(a+b) \div c$를 다음과 같이 바꾸어도 된다는 걸 의미한답니다.

$$a \times (b+c) = a \times b + a \times c$$
$$b \times (a-c) = b \times a - b \times c = b \times a + (-b \times c)$$
$$(a+b) \div c = a \div c + b \div c$$

예컨대 $7 \times (3+8)$에 분배법칙을 적용하면 $7 \times 3 + 7 \times 8 = 21+56=77$이라는 식이 나와요. 하지만 괄호 안의 숫자를 먼저 더한 뒤에 괄호 밖의 숫자를 곱하는 방법을 써도 결과는 똑같아요. 즉 $7 \times (3+8) = 7 \times 11 = 77$이 되는 거죠. 따라서 $(6+4) \div 2 = 6 \div 2 + 4 \div 2 = 3 + 2 = 5$라는 식도 성립될 수 있겠죠. 또 이 식을 괄호 안의 숫자부터 더한 뒤 나눗셈을 할 경우 $(6+4) \div 2 = 10 \div 2 = 5$가 되겠죠? 분배법칙이 그래도 알쏭달쏭하게만 느껴진다고요? 그렇다면 이 법칙에 관련된 연습 문제들을 몇 개 더 풀어 보세요. 생각보다 훨씬 더 빨리 이해할 수 있을 거예요.

앗, 한 가지 주의 사항을 빠뜨렸네요.

$9 \times 2 + 4 = 9 \times (2+4) = 9 \times 6 = 54$, 혹은 $7 \times (3+5) = 7 \times 3 + 5 = 21 + 5 = 26$이라는 식은 둘 다 틀린 거예요. 괄호 밖의 숫자들을 자기 마음대로 괄호로 묶거나 괄호 안의 숫자들을 마음대로 괄호 밖으로 푸는 것은 연산법칙에 어긋나기 때문이죠. 연산법칙이란 수백 년 전에 이미 수학자들이 혼란을 방지하기 위해 통일한 계산 법칙이라 할 수 있어요.

위에 나온 두 식 중 첫 번째 식, 즉 $9 \times 2 + 4 = 9 \times (2+4) = 9 \times 6 = 54$라는 식은 '덧셈, 뺄셈, 곱셈, 나눗셈 등이 섞여 있는 연산에서는 곱셈과 나눗셈을 먼저 한다'는 법칙을 무시했기 때문에 틀린 거예요. 즉 $3 \times 5 + 4$라는 연산은 3에다 5를 곱한 값에 4를 더하라는 말이지 5에다 4를 더한 값에 3을 곱하라는 말이 아니에요.

반드시 그래야 하는 법이 어디 있냐고 항의하는 친구들도 있을지 모르겠네요. 예전에도 분명 이 법칙에 동의하지 않는 사람들은 있었을 거예요. 그러나 이미 오래 전에 수학자들 간에 그렇게 합의가 이뤄졌고, 벌써 몇 백 년째 통용되고 있는 법칙이니 우리도 그대로 따르기로 해요. 그리고 혼합 연산에서 혹시 깜박하고 덧셈이나 뺄셈을 곱셈이나 나눗셈보다 먼저 계산하는 일이 없도록 연습 문제를 몇 개씩 꼭 풀어 보세요!

위 식 중 두 번째 식, 즉 $7 \times (3+5) = 7 \times 3 + 5 = 21 + 5 = 26$에서는 괄호의 법칙을 무시했기 때문에 틀린 답이 나온 거예요. 오래 전에 수학자들은 수학에 괄호를 쓰기 시작했어요. 이후 괄호의 법칙은 일종의 약속이 된 거죠. 이에 따라 '5에다 4를 먼저 더한 뒤 그 값에 3을 곱하라'는 말을 '$3 \times (5+4)$'로 표현하게 된 거예요.

수학 연산에서 괄호가 지니는 위력은 엄청나답니다. 곱셈, 나눗셈을 덧셈, 뺄셈보다 먼저 해야 한다는 법칙도 괄호 앞에서는 힘을 잃어버릴 정도이니까요. 즉 여러 개의 항을 지닌 혼합 연산에서 가장 먼저 계산해야 할 곳은 바로 괄호 안이에요.

한편 이렇게 위력적인 괄호는 매우 편리하기도 하답니다.

예를 들어, $2 \times 5 + 3 \times 5 + 4 \times 5 + 5 \times 5$를 계산할 때 $10 + 15 + 20 + 25 = 70$이라고 각각의 곱을 더해서 계산할 수도 있지만 괄호와 분배법칙을 이용하면 훨씬 더 간단해지거든요. $2 \times 5 + 3 \times 5 + 4 \times 5 + 5 \times 5 = (2+3+4+5) \times 5 = 70$과 같이 말이에요!

변수(이 마술에서의 N)의 개념을 반드시 알아야 마술 공연을 할 수 있는 것은 아닙니다. 물론 N이라는 숫자가 복잡한 연산의 결과, 결국 사라진다는 원리를 이해하고 있다면 좀 더 자신있게 마술 시범을 보일 수 있겠죠.

아이가 변수 개념을 자연스럽게 익힐 수 있도록 숫자를 다양하게 바꿔 가며 함께 연습해 주세요. 만약 숫자를 이용한 암산을 어려워한다면 숫자 대신 물건을 이용하고 적절한 상황을 떠올리게 해 주는 것도 좋습니다. 예컨대 다음과 같이 말이죠.

마술사는 관객들에게 각자 갖고 싶은 인형의 개수를 머릿속에 떠올리라고 지시합니다. 그 개수만큼의 인형들은 지금 자물쇠가 달린 상자 안에 얌전하게 누워 있죠. 그 상태에서 관객들에게 처음 떠올린 인형의 개수에 2를 곱하라고 합니다. 다시 말해 똑같은 개수의 인형이 들어 있는 상자 하나가 더 생기는 것이죠.

다음으로 상자 바깥에 14개의 인형을 늘어놓은 뒤 인형의 개수를 절반으로 줄여요. 즉 상자 하나를 없애는 동시에 바닥에 누워 있는 인형 중 7개를 치우는 거죠. 이제 남은 것은 상자 하나와 누워 있는 인형 7개예요. 마지막으로 관객들은 맨 처음 생각했던 개수만큼의 인형을 다시 없애요. 상자 하나를 통째로 치우는 게 가장 편리하겠죠? 그러면 마지막에 남는 인형의 개수는 7개가 됩니다!

아리따운 예언자

필요 인원   마술사 1명

필요한 능력   세 자리 숫자 덧셈 능력

준비물   칠판 또는 커다란 도화지 1장, 분필이나 매직
펜 1자루, 편지 봉투 1개, 종이와 연필, 마술
봉 1개

　빙엔은 독일의 라인 강 유역에 위치한 아름다운 작은 도시예요. 성직자이자 유명한 예언자였던 힐데가르트 수녀가 수도 생활을 한 곳이기도 하죠. 오늘은 빙엔에 있는 요하니스 학교에 축제가 열리는 날이랍니다.

　학생들은 벌써 몇 주 전부터 오늘의 행사를 위해 열심히 준비를 해 왔죠. 모두가 특별한 재주를 어서 뽐내고 싶어서 마음이 급한가 봐요. 다니엘은 체육관과 정문 옆쪽의 운동장에서 공 던지기 묘기를 부리고 있고 에바는 교내 합주단에서 트럼펫을 연주하고 있어요. 힐데가르트는 오늘을 위해 특별한 마술을 준비했대요. 친구들에게 마술의 내용을 구체적으로 알려 주지는 않았어요. 예언에 관한 마술이라는 정도만 귀띔해 주었죠. 착한 다니엘이 같은 반 친구인 힐데가르트를 도와 교실에 있던 커다란 칠판을 운동장으로 옮겨 줍니다. 운동장은 벌써 사람들로 북적이고 있어요.

힐데가르트는 가벼운 발걸음으로 군중들에게 다가가 마술 구경을 시켜 드리겠다고 제안했어요. 칠판 주위에는 금세 학부모님과 친구들이 몰려들었어요.

"안녕하세요, 제 마술을 보러 오신 여러분을 진심으로 환영합니다. 지금부터 여러분은 제 예언의 증인이 되실 거예요!"

사람들은 영문을 알 수 없다는 표정으로 힐데가르트의 얼굴만 바라봤어요. 힐데가르트는 호기심 가득한 관중들에게 첫 번째 숙제를 내주었죠.

"자, 여러분 중 누가 세 자리 수 하나를 말씀해 주세요."

그러자 앞쪽에 있던 남자아이 하나가 "123!"이라고 외쳤어요. 곧이어 아이 엄마로 보이는 여자분이 "735!"라고 말했고요. 힐데가르트는 칠판에 두 줄로 '123', '735'라고 썼어요. 나머지 관객들도 각자 마음에 드는 세 자리 수를 외쳤지만 한꺼번에 너무 많은 사람들이 말하는 바람에 다 알아들을 수는 없었어요.

"흠, 한꺼번에 말씀하시니 뭐가 뭔지 잘 모르겠어요. 아, 누가 479라고 말씀하셨죠? 그럼 그 수를 적기로 하죠."

그사이 관중들은 조용해졌어요. 힐데가르트가 칠판에 분필로 '479'라고 적는 소리만 들릴 뿐이었죠. 이제 칠판에는 다음과 같은 숫자가 적혀 있어요.

그때 힐데가르트가 주머니에서 반짝이는 마술봉을 꺼내 들더니 모두가 들을 수 있게 큰 목소리로 주문을 욉니다.

"수리수리마수리 뒤섞여라, 얍! 흠, 이제 미래가 보이는군요. 반짝거리는 숫자 한 개가 제 눈에 보여요!"

힐데가르트는 말하는 중간마다 신비한 눈빛으로 관중들 머리 너머를 쳐다봅니다. 곧이어 백지 한 장을 치켜들며 말을 계속했어요.

"그 숫자를 여기 이 백지에 적은 다음 종이를 편지 봉투 안에 넣겠어요."

힐데가르트는 편지 봉투를 흔들며 그 안에 정말 아무것도 들어 있지 않다는 것을 확인시켜 줬어요. 그런 다음 숫자가 적힌 종이를 예쁘게 접어 편지 봉투 안에 넣고는 마술봉으로 봉투를 한 번 두드린 뒤 조심스럽게 봉했어요.

"제가 속임수를 쓰지 않는다는 것을 증명하기 위해 이 봉투를 여러분 중 한 명에게 맡겨 놓을게요. 자, 누가 이 봉투를 잠시 동안 보관해 주실 건가요?"

몇몇 아이들이 잽싸게 손을 들어 지원했어요. 우리의 예언자 힐데가르트는 그중 둘째 줄에 있던 어린 소년에게 봉투를 건넸어요. 소년은 뿌듯해하며 봉투를 받아들었죠.

"자, 이제 칠판에 적힌 세 개의 숫자로 새로운 숫자 세 개를 만들어 볼 거예요. 물론 그 숫자들도 모두 세 자리 수예요. 그런데 새로 세 개의 숫자를 조합할 때 첫 번째 수는 반드시 첫 번째 줄에서 가져와야 하고 두 번째 수는 두 번째 줄에서, 세 번째 수는 세 번째 줄에서 가져와야 해요. 또, 한 번 사용한 숫자는 다시 사용할 수 없어요. 이미 사용한 수는 분필로 빗금을 그어 따로 표시할 거니까 헷갈리지는 않을 거예요. 예를 들어 제가 만약 '174'라는 숫자를 선택했다면 이렇게 되는 거겠죠?"

힐데가르트가 1, 7, 4에 빗금을 그으면서 말했어요.

"이런 식으로 만들어 낼 수 있는 세 자리 수는 216개나 된답니다. 자, 여러분께서 직접 한번 만들어 보세요!"

힐데가르트는 관중들이 외치는 소리를 놓치지 않기 위해 귀를 쫑긋 세우고 기다렸어요. 그러자 연세가 꽤 있어 보이는 할머니 한 분께서 '139'를 불렀고 사십 대쯤 되어 보이는 아저씨 한 분이

'257'을 외쳤어요. 힐데가르트는 그 수들을 칠판에 받아 적으며 말했어요.

"그럼 이제 남은 수는…… 어디 보자, 374가 좋겠네요!"

이제 칠판에 적힌 수는 다음과 같았어요.

"이제 새로운 수들을 더해 볼게요. 9에다 7을 더하면 16이 되고, 16에다 4를 더하면 20이 되네요. 그러면 0은 남고 2는 십의 단위로 올림 해야 하겠죠……."

그렇게 해서 세 수를 모두 더하니 770이라는 결과가 나왔어요. 힐데가르트는 770이라는 수도 칠판에 적고 그 아래에 밑줄 두 개를 좍 그었어요.

힐데가르트는 관객들이 자신의 셈이 맞는지 틀렸는지 검산할 수 있게 잠깐 시간을 줬어요. 그런 다음 둘째 줄의 아까 그 소년에게 봉투를 열어 종이 위에 적힌 숫자를 큰 목소리로 읽어 달라고 했어요. 그러자 소년은 "우와! 770이에요! 어떻게 알았어요?"라며 흥분해서 소리쳤어요. 힐데가르트는 그런 소년과 관중을 번갈아 쳐다보며 빙긋이 웃었어요.

"제가 처음에 말했잖아요? 예언을 할 거라고 말예요!"

힐데가르트는 관중들의 박수갈채에 몸을 숙여 인사했어요. 그때 어디에선가 에바가 나타가 힐데가르트를 꼭 껴안았어요. 합주단의 연주가 끝나자마자 이곳에 와서 힐데가르트의 마술을 구경하고 있었나 봐요. 다니엘도 어느새 공을 바닥에 내려놓은 채 넋을 잃고 마술 공연을 보고 있었죠.

세 사람은 축제에 관해 신나는 얘기들을 나누며 운동장 여기저기를 거닐었어요. 친구들이 펼치는 각종 공연들도 구경하면서 말이죠.

여러분은 힐데가르트의 예언 마술을 어떻게 보셨나요? 신기하지 않나요? 저도 예언 같은 건 믿지 않았어요. 그런데 힐데가르트의 마술을 보다 보니 진짜로 앞날을 내다볼 수 있는 사람이 있는 것 같아요. 그게 아니라면 그저 운이 좋았던 걸까요? 만약 관중들이 다른 숫자들을 불렀다면 어떻게 됐을까요? 다음과 같이 말예요.

1	2	3		1	7	4
7	3	5		2	3	7
4	7	9		3	5	9

그래도 세 수의 합은 770이 되네요(174+237+359=770)! 숫자를 다음과 같이 바꾸어도 결과는 마찬가지예요.

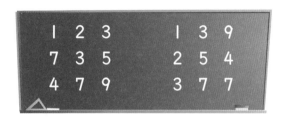

139에 254와 377을 더해도 770이 되죠? 123, 735, 479라는 숫자들로부터 어떤 세 자리 숫자들을 조합하건 간에 세 수의 합은 늘 770이 되는 것 같아요. 여러분이 직접 숫자들을 조합한 뒤 계산해 보세요. 세 수의 합이 770이 아닌 다른 값이 나오는 사태는 벌어지지 않을 거예요!

힐데가르트가 속임수를 쓴 게 아니라면 그 뒤에는 분명 어떤 수학적 원리가 숨어 있을 거예요. 770이 마법에 홀린 수가 아니라면 123, 735, 479라는 숫자 속에 비밀이 숨어 있을 수밖에 없다는 뜻이죠. 흠, 실험을 통해 한번 증명해 볼까요? 예를 들어 536, 987, 494라는 숫자를 처음 세 가지 수로 가정하고, 거기에서 594, 674, 389라는 숫자를 만들어 냈다고 생각해 보세요.

그런데 새로 조합한 숫자들을 한번 보세요. 일의 자리에 4가 두 번이나 나왔네요? 이상할 것도 없죠. 맨 처음에 적은 숫자 중 세 번째 숫자를 보세요. 494라는 숫자에 4가 두 번 나오죠? 그러니 새로 조합한 숫자들의 일의 자리에서 4가 두 번 나올 수밖에 없었던 거죠. 자, 새로 조합한 숫자들을 더해 볼까요? 594에 674와 389를 더하니⋯⋯ 1657이 되네요? 그러면 '770의 예언'은 빗나가는 거죠? 흠, 하지만 한 번의 실험만으로는 충분한 증명이 되지 않으니 다시 한 번 새로운 숫자들을 조합해서 계산해 볼까요?

384＋699＋574는 얼마죠? 이번에도 1657이에요!

마술 뒤에 숨은 원리가 서서히 보이기 시작하나요? 만약 지금까지 전자계산기를 두드려서 계산했다면 손으로 써 가면서 셈해 보세요. 그러면 마술 뒤에 숨은 비밀이 훨씬 더 잘 보이거든요.

연필과 종이를 이용해 계산을 할 때 아마 여러분 중 대부분이 일의 자리부터 덧셈을 해 나갈 거예요. 그렇게 해 보니 칠판에 어떤 숫자가 적혀 있든 간에 일의 자리의 합은 늘 동일하지 않나요?

두 번째 사례에서 일의 자릿수는 4 두 개와 9였어요. 그러니 합은 17

이 되겠죠. 순서를 어떻게 바꾸어도 합은 바뀌지 않아요. $4+4+9=17$, $4+9+4=17$, $9+4+4=17$이잖아요. 힐데가르트의 마술에서는 어떤 일의 자릿수들이 있었죠? 맞아요, 4와 7과 9였어요. $4+7+9=20$, $9+4+7=20$, $9+7+4=20$이 되죠? 다시 말해 덧셈에 있어서는 순서를 어떻게 바꾸어도 같은 답이 나온다는 뜻이에요. 이 원칙을 수학에서는 덧셈의 교환법칙이라고 해요.

자, 여기까지 모두 이해했으면 이제 770과 1657이라는 수의 마지막 자리에 대해 알아볼까요?

앞쪽으로 가서 다시 한 번 잘 살펴보세요. 새로 조합된 세 숫자의 일의 자릿수는 맨 처음 제시한 세 개의 숫자 중 가장 아랫줄에 있는 숫자로 구성되어 있을 거예요. 힐데가르트가 맨 처음 제시한 원칙이 그랬으니까요. 즉 맨 처음 가장 아랫줄에 있던 479가 새로 조합된 수들의 일의 자릿수이고, 두 번째 사례에서 가장 아랫줄에 있던 494가 새로 조합된 수들의 일의 자릿수인 거죠. 물론 맨 처음 가장 아랫줄에 있던 수의 합과 새로 조합된 수들의 일의 자릿수의 합 역시 같을 수밖에 없어요. 덧셈의 교환법칙 때문에 그 합이 같다는 사실은 이제 더 설명하지 않아도 알겠죠?

어쨌든 첫 번째 사례에서 맨 아랫줄에 있는 수의 각 자리를 더하면(혹은 조합된 수들의 일의 자릿수를 더하면) $4+7+9=20$이 되고, 두 번째 사례에서 맨 아랫줄의 수인 494의 각 자리를 더하면(혹은 조합된 수들의 일의 자릿수를 더하면) $4+9+4=17$이 됩니다. 그 마지막 자릿수는 각기 0와 7이 되고요. 위의 사례들에서 숫자를 더한 값이 각기 770과 1657이었죠? 맞아요, 일의 자릿수가 일치하는 거예요.

이제 둘째 자릿수, 즉 십의 자릿수에 대해 알아볼 차례군요. 조금 전에 손으로 써서 계산하면서 혹시 일정한 법칙을 발견하진 않았나요? 몇 가지 사례를 더 만들어 계산하다 보면 분명 힐데가르트의 마술 뒤에 숨은 원칙이 눈에 들어올 거예요!

새로 조합된 숫자들의 십의 자릿수들은 맨 처음 칠판에 적은 세 숫자 중 두 번째 줄과 일치해요. 위 사례에서는 그 수가 각기 735와 987이었죠.

이 수들을 근거로 770과 1657이라는 숫자의 십의 자릿수를 계산할 수 있어요. 앞서 일의 자릿수들을 더했더니 마지막 자릿수가 0과 7이 나왔죠? 그것과 비슷한 원리예요.

우선 일의 자릿수에서 넘어온 수, 즉 '받아올림'부터 생각해 볼까요? 위 사례들에서 마지막 자릿수의 합계는 각기 20과 17이었어요. 즉 2라는 숫자와 1이라는 숫자가 십의 자릿수로 넘어와야 하는 거죠. 이 수를 수학에서는 '받아올림'이라 부른답니다.

그러면 첫 번째 사례에서는 $7+3+5=15$에 받아올림한 수인 2를 더해야 하니 합이 17이 됩니다. 어때요? 17의 마지막 자릿수 7이 770의 둘째 자릿수와 일치하죠?

두 번째 사례에서는 $9+8+7=24$이고, 거기에다가 일의 자릿수에서 넘어온 수 1을 더하면 25가 됩니다. 거기에서 일의 자릿수인 5가 총합 중 십의 자릿수가 되는 거예요. 1657이라는 숫자에서 십의 자릿수는 5잖아요, 그렇죠?

백의 자릿수와 천의 자릿수도 이것과 비슷하게 계산해 낼 수 있답니다.

맨 처음 제시한 숫자들 중 첫 번째 숫자, 즉 123이나 536이라는 숫자를 합하면 6과 14라는 답이 나오는데, 거기에다가 십의 자릿수에서 받아올린 수를 각기 더해야 해요. 즉 1과 2라는 받아올림이 각기 더해져야 하는 거예요. 그러면 첫 번째 셈에서는 7이라는 답이 나오고 두 번째 셈에서는 16이라는 답이 나옵니다.

어때요? 770에서 백의 자릿수는 7이었고 (16)57에서 앞의 두 자리는 16이었죠? 그런데 왜 괄호로 1과 6을 묶어 두었을까요? 그건 바로 두 번째 계산에서는 백의 자릿수와 천의 자릿수를 따로 추리하는 것이 아니라 한꺼번에 묶어서 찾아낸 것이기 때문이에요.

이제 지금까지 공부한 것들을 정리해 볼까요? 힐데가르트가 정한 원칙에 따라 조합된 숫자들의 합은 맨 처음 주어진 숫자들로 알아낼 수 있어요. 그 방법은 바로 맨 처음 적은 숫자들을 오른쪽으로 90도 각도로 빙그르르 돌린 다음 그 숫자들을 합하는 거예요. 앞서 소개한 두 가지 사례의 경우 다음과 같이 계산할 수 있겠죠.

```
   1 2 3              1 7 4
   7 3 5          +   2 3 7
   4 7 9          +   3 5 9
                  ─────────
                  =   7 7 0


혹은   5 3 6              5 9 4
      9 8 7          +   3 8 9
      4 9 4          +   6 7 4
                    ───────────
                    = 1 6 5 7
```

참고로 이 방법은 1974년 영국의 심리마술사 데이비드 버글라스가 처음으로 생각해 낸 것이랍니다.

덧셈과 곱셈을 비롯한 여러 가지 연산에는 다양한 법칙들이 적용됩니다. 이 법칙들은 오래 전부터 수학자들이 연구하고 발견해 온 것들이죠. 그중에서 가장 유명한 것을 꼽으라면 아마도 덧셈뿐 아니라 곱셈에도 적용되는 교환법칙과 결합법칙일 거예요. 이 법칙들은 다양한 수학 마술에서도 자주 활용됩니다. 앞서 나온 '언제나 7만 나와요!'뿐 아니라, 이어서 나올 '숫자 로켓'에서도 이 법칙들이 활용된답니다.

그런데 힐데가르트는 자신이 정한 규칙에 따라 세 자리 수를 만들 경우, 나올 수 있는 수가 총 216개라고 말했습니다. 힐데가르트는 무슨 근거로 216이라는 숫자를 말했던 것일까요? 그 답은 바로 '조합' 속에 있습니다.

조합의 기본 원칙을 간단하게 설명해 보겠습니다.

두 개의 그룹에서 A와 B를 각기 선택해야 할 경우, A를 선택할 수 있는 기회와 B를 선택할 수 있는 기회를 곱한 것이 최종적인 경우의 수가 됩니다. 예를 이용해 좀 더 쉽게 설명해 볼까요?

A : 신발장 안에 들어 있는 신발 중 왼쪽 신발

B : 신발장 안에 들어 있는 신발 중 오른쪽 신발

A를 고를 확률은 물론 신발장 안에 몇 켤레의 신발이 들어 있느냐

에 따라 결정되겠죠. 여기에서는 총 네 켤레가 들어 있다고 가정해 보겠습니다. 그러면 B를 선택할 수 있는 경우도 특별한 일이 벌어지지 않는 한 4가 되겠죠. 즉 A와 B를 임의로 선택해서 두 개를 결합할 수 있는 가능성은 4×4니까 총 16이 됩니다.

도표를 이용해 좀 더 확실하게 증명해 볼까요? 그러기 위해서 신발장 안에 들어 있는 네 켤레의 신발이 각기 파란색(청), 녹색(녹), 검은색(흑), 흰색(백)이라 가정할게요. 그러면 다음과 같은 도표가 나옵니다.

좌	청	청	청	청	녹	녹	녹	녹	흑	흑	흑	흑	백	백	백	백
우	청	녹	흑	백	청	녹	흑	백	청	녹	흑	백	청	녹	흑	백

총 16개의 경우의 수가 있다는 말이죠. 그런데 만약 A와 B가 같은 색이어야 한다는 조건을 달면 경우의 수는 확 줄어듭니다. A의 조건에 따라 B가 결정될 수밖에 없으니까 말이죠. 물론 B에다 조건을 달아도 결과는 마찬가지겠죠. 그런데 A를 먼저 선택한 다음, B가 먼저 선택한 A와 색상이 동일한 오른짝이어야 한다는 조건을 단다면 B를 선택할 수 있는 기회는 주어지지 않는 것이나 마찬가지입니다. A와 같은 색상의 오른짝은 하나밖에 없으니까요. 즉 이 경우에

B에 대한 경우의 수는 1이 되는 것입니다. A에 대한 경우의 수는 4

였으니(네 가지 색상의 신발) 결과적으로 $4 \times 1 = 4$가 되어 동일한 색

상의 신발 한 켤레를 고를 수 있는 경우의 수는 4가 되는 것입니다.

　이제 힐데가르트의 숫자에 다시 시선을 집중해 볼까요? 힐데가르

트가 정한 원칙에 따르면 새로운 숫자들을 조합할 때 첫째, 둘째, 셋

째 줄에서 각기 첫째 자릿수, 둘째 자릿수, 셋째 자릿수를 선택해야

한다고 했어요. 이 사례에서는 힐데가르트가 세 자리 수만 활용했으

니 백의 자릿수를 고를 수 있는 확률은 즉 3이 되는 거죠. 십의 자릿

수나 일의 자릿수의 경우도 마찬가지이니 새로운 숫자 한 개를 만들

어 낼 수 있는 경우의 수는 $3 \times 3 \times 3 = 27$이 됩니다(이때 첫 번째로 고

르는 세 자리 숫자를 'A'라고 부를게요).

　새로 조합해야 할 숫자는 세 개인데 그중 A라는 숫자를 한 개 조

합하고 나면 B를 고를 수 있는 기회는 당연히 줄어듭니다. 각 줄마

다 한 개씩의 숫자를 활용했으니 이제 남은 숫자는 두 개씩밖에 없

는 거죠. 즉 두 번째 수 B를 고를 수 있는 경우의 수는 $2 \times 2 \times 2$가

되어 총 8이 됩니다. 세 번째 수 C를 고를 수 있는 경우의 수는 거

기에서 더 줄어들죠. 각 줄마다 남은 숫자는 하나밖에 없을 테니

$1 \times 1 \times 1 = 1$이 되는 거죠. 즉 A와 B와 C를 선택할 수 있는 경우의

수는 $27 \times 8 \times 1$이니 힐데가르트가 말한 216이라는 숫자가 맞았던

거죠.

'조합'은 수학의 독립된 한 분야이지만 '확률'과도 매우 밀접한 관계에 놓여 있습니다. 확률에 관해 재미있는 사실을 알아보고 싶다면 '몬티 홀의 딜레마'에 대해 더 자세히 알아보세요. 쉬운 것 같으면서도 알쏭달쏭한 수학의 특징을 보여 주는 대표적인 사례이니까요.

본 마술은 덧셈의 교환법칙에 바탕을 둔 것입니다. 그러니 반드시 세 자리 수만 활용할 필요는 없어요. 셈에 자신만 있다면 네 자리 수, 다섯 자리 수로 늘려도 상관없습니다. 뿐만 아니라 각 줄에 적힐 숫자들이 모두 다 세 자리 수, 혹은 모두 다 네 자리 수일 필요도 없어요. 서로 달라도 된다는 얘기죠. 하지만 단점도 있답니다. 그렇게 할 경우, 마술사는 계산하기 어려워지고 관객들은 비밀을 캐내기 쉬워진다는 거죠!

아주 어린 꼬마 마술사라면 두 자리 수를 선택하는 게 좋을 거예요. 여러 자리 수의 덧셈에 상당히 자신 있다면 더 긴 숫자를 선택해도 좋고요. 하지만 처음에는 두 자리 수부터 연습하는 게 좋습니다. 그래야 실수를 방지할 수 있으니까요. 그리고 익숙해지기 전까지는 17과 24 혹은 170, 243, 512 등 받아올림이 없는 숫자들로 여러 번 연습하는 게 안전하답니다.

예언 마술을 하기 위해 덧셈을 얼마나 빨리 할 수 있어야 하는지에 대해서는 굳이 강조하지 않아도 되겠죠? 관객들에게 백지를 보여주고 봉투를 흔드는 사이에 모든 계산이 끝나야 하니까요. 만약 봉투를 흔드는 것만으로 시간이 부족하다면 봉투를 건네주며 정말로 그 안에 아무것도 없는지 확인해 보라고 하는 것도 좋아요. 그러면서 시간을 버는 거죠.

암산이 힘들다면 종이에 재빨리 써서 계산을 해도 좋습니다. 대신 그 종이는 주머니나 소매 같은 곳에 아무도 모르게 감춰야 합니다. 봉투 안에 들어갈 메모지에는 최종 답만 써서 넣어야 하니까 말이에요.

실제 마술 공연에서 계산이 너무 오래 걸리거나 틀린 답이 나오면 우스꽝스러운 광경이 연출될 수 있겠죠? 나이가 비교적 많은 마술사든 아주 어린 마술사든 관객 앞에서 그런 창피를 당하기 싫다면 열심히 셈 연습을 하는 수밖에 없다고 가르쳐 주세요!

숫자 로켓

필요 인원	마술사 1명
필요한 능력	세 자릿수 덧셈 능력
준비물	칠판 또는 커다란 도화지 1장, 분필이나 매직펜 1자루

일요일 오후예요. 바깥에는 비가 억수처럼 쏟아지고 있죠. 클라우스와 이탈리아에서 온 교환 학생 클라우디오는 카드놀이를 하며 시간을 보내고 있습니다. 그때 클라우디오가 갑자기 용수철이 팅기듯이 일어서며 소리쳤어요.

"좋은 생각이 났어! 내가 마술을 보여 줄게. 이래 봬도 이 몸이 우리 동네에선 잘나가는 '숫자 로켓 마술사'였거든. 어서 가족들을 불러 모아 봐!"

클라우스는 클라우디오가 대체 무슨 꿍꿍이인지 미심쩍어 하면서도 궁금한 마음을 못 이겨 온 가족을 거실에 불러 모았어요.

클라우디오는 클라우스의 도움을 받아 커다란 도화지를 거실 창문에 붙였어요. 어라, 그런데 클라우디오가 어느새 카레이서 복장을 하고 있네요? 지난 가장무도회 때 클라우스가 입었던 옷인데 그걸 또 어떻게 찾아낸 걸까요? 게다가 보안경까지 끼고 있군요. 아무튼 클라우스와 클라우디오가 뭉치면 못 해낼 일은 없나 봐요.

클라우스가 부모님이 앉아 계신 소파 옆에 자리를 잡자 클라우디오는 공연을 시작합니다.

"여러분, 숫자 로켓 마술 쇼에 오신 것을 진심으로 환영합니다. 갑자기 마련된 자리인데도 불구하고 이렇게 참석해 주시니 영광스러울 따름이에요."

클라우디오의 인사에 모두 잔뜩 기대를 하고 바라봅니다. 클라우디오가 말을 잇습니다.

"자, 그럼 시작해 볼까요? 먼저 뮐러 부인께 기회를 드리죠. 어머니, 10보다 작은 수 중 아무거나 하나만 대 보세요."

뮐러 부인은 7을 골랐어요.

"이번에는 아버지 차례입니다. 아버지도 10보다 작은 수 하나를 골라 주세요."

클라우스의 아버지는 4가 마음에 들었나 봐요.

"좋아요, 이제 됐어요!"

클라우디오가 두 개의 숫자를 세로로 나란히 도화지에 적으며 말합니다.

"이제 클라우스, 네가 실력을 발휘할 차례야. 이 숫자들을 더한 다음 아래쪽에 그 결과를 적어 봐. 그런 다음 다시 아래쪽의 두 숫자를 더하고 그다음에도 또 아래쪽 두 숫자를 더하면서 계속 답을 적어 나가는 거야, 무슨 말인지 알겠지? 총 열 줄이 될 때까지 그렇게 계속 계산해야 돼. 틀리면 안 되니까 충분히 생각하고 잘 계산해."

말을 마친 클라우디오가 소파 쪽으로 몸을 돌립니다.

클라우스는 클라우디오가 시키는 대로 열심히 계산했어요. 계산이 끝나자 도화지에는 다음과 같은 숫자들이 적혀 있었죠.

$$7$$
$$4$$
$$11 \quad (=7+4)$$
$$15 \quad (=4+11)$$
$$26 \quad (=11+15)$$
$$41 \quad (=15+26)$$
$$67 \quad (=26+41)$$
$$108 \quad (=41+67)$$
$$175 \quad (=67+108)$$
$$283 \quad (=108+175)$$

"수고했어. 고마워, 클라우스. 자, 이제 제가 왜 숫자 로켓 마술사로 명성을 떨쳤는지 여러분이 직접 확인할 수 있을 거예요. 여기

이 숫자들을 눈 깜짝할 사이에 다 더해 버릴 테니까 말예요! 수리 수리마수리 피보나치수리!"

주문을 외던 클라우디오는 정말로 눈 깜짝할 사이에 계산을 끝내고 도화지 한 귀퉁이에 '737'이라고 적었어요.

"클라우스, 혹시 내 계산이 틀렸을지 모르니 네가 검산해 줄래?"

그러자 클라우스는 한숨부터 내쉬더니 주변을 둘러보다가 결국 클라우디오의 부탁을 들어줬어요.

"어? 맞아. 네 계산이 맞았어. 엄마, 아빠, 진짜로 답이 737이에요!"

얼떨떨한 표정으로 클라우스가 부모님께 말했어요.

"오, 훌륭해, 클라우디오! 넌 정말 재능이 있나 보구나! 그리고 클라우스, 너도 덧셈이 꽤 빠른 걸? 좋아, 기분이야, 내가 한 턱 낼게. 아이스크림, 어때?"

클라우스의 아버지는 아이들에게 칭찬을 아끼지 않았어요. 물론 두 친구는 한껏 신이 났죠. 비 오는 지루한 일요일 오후가 클라우디오의 마술 덕분에 재미있는 시간으로 둔갑한 순간이었어요.

클라우디오는 아마도 암산왕인가 봐요. 여러분도 클라우디오만큼 덧셈을 빨리 할 수 있나요? 그렇다면 여러분도 암산왕이 될 자격이 충분해요.

하지만 어쩌면 클라우디오가 암산의 천재가 아닐 수도 있어요. '피보나치수열'만 알고 있다면 누구든 할 수 있는 거니까 말예요.

피보나치수열이란 1200년경 레오나르도 피보나치라는 이탈리아의 수학자가 발견한 원리를 가리키는 말이에요. 아무 숫자나 마음대로 두 개를 정한 다음 그 두 숫자를 더하고, 이어서 마지막 두 숫자를 더해가는 게 바로 피보나치수열이에요.

클라우디오의 마술에서처럼 열 줄로 구성된 피보나치수열의 경우, 전체 숫자의 합은 일곱 번째 숫자에 11을 곱한 값이에요. 즉 위의 사례에서는 $11 \times 67 = 737$이 되는 거죠. 이 계산법이 열 개의 숫자를 일일이 더하는 것보다는 당연히 빠르겠죠? 클라우디오가 맨 처음에 한 자리 숫자 중에 좋아하는 숫자를 고르라고 한 이유도 단순해요. 피보나치수열은 몇 번만 거듭하다보면 금세 너무 큰 수로 변해 버리거든요. 그러니 처음부터 큰 숫자로 시작했다면 클라우디오가 계산하기 어려울 만큼 복잡한 수가 나왔겠죠. 클라우디오는 그런 사태를 피하려고 미리 꾀를 부린 거고요.

그런데 피보나치수열에서 처음 열 개의 수의 합을 이런 식으로 계산할 수 있는 근거는 뭘까요? 그 답은 '변수'라는 개념에서 찾을 수 있습니다. 이때 변수는 다양한 숫자들을 대변하는 한 개의 글자를 뜻하는 것이고, 수학에서는 보통 알파벳을 변수로 활용한답니다. 수학에서는 구체적인 숫자가 아닌 알파벳을 이용해서 일정한 공식을 표현할 수 있어요. 단, 변수가

0이 되면 곤란해요. 0으로 나누면 답은 0이 될 수밖에 없거든요.*

다시 클라우디오의 마술 이야기로 돌아가 볼까요? 클라우디오는 마술을 시작할 때 클라우스의 어머니와 아버지에게 한 자리 숫자 중 좋아하는 숫자를 골라 달라고 부탁했어요. 여기에서 우리는 그 수를 각각 x와 y라고 정하기로 해요.

곧이어 클라우스에게 그 두 숫자를 더하라고 했죠. 즉 세 번째 수는 앞의 두 수를 더한 값이었으니 $x+y$가 되겠죠. 그리고 거기에 이어지는 네 번째 숫자는 $x+y$에 y를 더한 값이 되고요. 이것을 식으로 표현하면 $(x+y)+y$가 되고, 여기에서 다시 $(x+y)+y=x+y+y=x+2 \times y=x+2y$라는 식이 나옵니다. 덧셈만으로 구성된 연산에서는 괄호를 무시해도 되니까 말이죠(덧셈의 결합법칙 때문**). 그리고 알파벳으로 된 변수가 포함된 곱셈에서는 '×' 부호를 생략할 수도 있어요. $2 \times y$가 $2y$가 된 것처럼 말이에요.

다음 숫자, 즉 다섯 번째 숫자는 세 번째 수인 $x+y$에다가 네 번째 수인 $x+2y$를 합한 수가 됩니다.

즉 $(x+y)+(x+2y)=x+y+x+2y=(x+x)+(y+2y)=2x+3y$

---

* 숫자 0이 포함되는 나눗셈은 설명하기도 어려울뿐더러 문제가 많습니다.
** 덧셈이 아닌 곱셈의 결합법칙에 대해 알고 싶다면 '마법의 수 1' 편을 참고하세요.

가 되는 거죠. 덧셈의 결합법칙과 교환법칙*** 때문에 이런 공식이 나와요. 그렇다면 결과적으로 열 줄짜리 피보나치수열은 다음과 같이 정리할 수 있겠죠?

$$x$$

$$y$$

$$x + y$$

$$x + 2y$$

$$2x + 3y$$

$$3x + 5y$$

$$5x + 8y$$

$$8x + 13y$$

$$13x + 21y$$

$$21x + 34y$$

이제 구체적인 숫자로 들어가 볼게요. 맨 처음 두 숫자로 7과 4를 택했다면 x 대신 7을, y 대신 4를 대입하면 돼요. 그리고 예를 들어 '$21 \times x$'는 $21x$로 축약해서 적을 수 있어요. 여기에서는 x가 7이니까 $21 \times x$

*** 더 자세한 내용은 '아리따운 예언자' 부분을 참고해 주세요.

는 21×7이 되고 그 답은 147이 됩니다. 즉 마지막 줄 같은 경우 $21x+34y=21×7+34×4=147+136=238$이 되겠죠. 클라우스도 검산할 때 아마 이런 방식으로 계산했을 거예요.

피보나치수열의 원칙에 따른 열 개의 숫자를 합하는 것도 매우 간단해요. 덧셈의 교환법칙과 결합법칙 덕분에 x와 y가 각기 몇 개씩 나오는지만 계산하면 되니까요.

앞의 사례에서 첫 번째 줄부터 마지막 줄까지 x와 y가 각기 몇 번씩 나오는지 한번 계산해 볼까요? x는 $1+0+1+1+2+3+5+8+13+21=55$, 총 55번 나오네요. y는 $0+1+1+2+3+5+8+13+21+34=88$, 총 88번 나오고요. 따라서 $55x+88y=11×(5x+8y)$라는 공식이 성립돼요. $55x+88y$를 $11×(5x+8y)$로 바꿀 수 있는 건 분배법칙[****] 때문이고요. $a×(b+c)=a×b+a×c$라는 것은 이미 몇 백 년 전에 수학자들이 발견하고 합의한 것이라고 이미 설명했는데, 기억나죠?

그런데 이 사례를 보면 피보나치수열의 일곱 번째 항에 $5x+8y$라고 나와 있어요. 그리고 아까 위에서 피보나치수열의 합은 일곱 번째 항에 11을 곱한 값이라고 했었죠? 클라우디오가 '숫자 로켓'의 합을 그렇게 빨리 계산할 수 있었던 것도 모두 다 이 원리 덕분이랍니다.

[****] 분배법칙에 대해 더 알고 싶다면 '언제나 7만 나와요!' 부분을 참고하세요.

레오나르도 피보나치는 토끼들의 번식에 관해 연구하던 중에 피보나치수열을 발견했어요. 연구 첫해에 피보나치는 주변에 젊은 토끼한 쌍이 살고 있다고 생각했죠. 여기에서 우리는 사방을 둘러봐도 그한 쌍 외에는 토끼가 단 한 마리도 없었다고 가정해 보기로 해요. 실제로 그렇지 않았을 수도 있지만 일단 그렇게 가정해 보는 거예요.

시간은 어느새 흘러 두 번째 해가 되었어요. 두 번째 해에도 그 토끼들은 아직 번식력이 없기 때문에 반경 몇 킬로미터 안에 토끼라고는 그 두 마리밖에 없었어요. 그러다가 세 번째 해에 새끼가 한 쌍 태어났어요. 여기에서는 편의상 암컷 한 마리와 수컷 한 마리가 태어났다고 볼게요. 그 이듬해, 즉 네 번째 해에도 첫 번째 토끼 부부가 암수 한 쌍을 낳았어요. 중간 세대 토끼들은 아직 번식력이 없는 상태였죠. 따라서 네 번째 해에는 총 세 쌍의 토끼들이 살고 있었어요.

다섯 번째 해에는 첫 번째 부부, 즉 제1세대 부부와 제2세대 부부가 각기 한 쌍씩을 낳았어요. 즉 다섯 번째 해에는 총 다섯 쌍의 토끼가 살고 있었던 거죠. 이렇게 계속 가다 보면, 그러니까 토끼들이 이런 식으로 무한대로 번식한다면, 그리고 어떤 토끼도 죽지 않는다면여기서도 피보나치수열이 생성된답니다. 물론 이 경우 x도 1이 되고y도 1이 되겠죠? 맨 처음 암수 토끼 한 쌍이 있었고, 그중 한 마리를x, 한 마리를 y로 보는 거죠. 즉 $x=y=1$이라는 식이 성립되는 거예요.

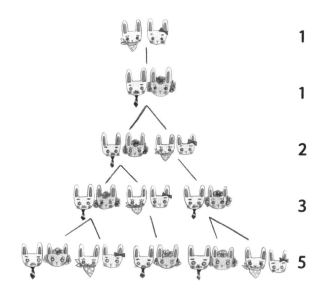

 1

1

2

3

5

: 어린 토끼 한 쌍   : 어른 토끼 한 쌍

피보나치수열은 '황금률'과도 매우 관계가 깊답니다. 관심 있는 친
구들은 이언 스튜어트의 《자연의 패턴》이라는 책을 읽어 보세요.

이 마술에서는 특별히 주의할 점이 없습니다. 그리고 만약 아이가 숫자로만 이루어진 계산을 어려워한다면 토끼를 비롯한 각종 동물이나 사물을 대입해서 가르쳐도 좋습니다.

나는 네가 무슨 생각을 하는지 알고 있다!

필요 인원 마술사 1명(실력이 뛰어난 마술사들을 위한 특별 마술도 포함되어 있음)

필요한 능력 여러 가지 연산 능력에 관한 이해(특별 마술에서는 여섯 자리 숫자를 계산할 수 있는 능력이 요구됨)

준비물 마술봉 1개

노라가 마술사 복장을 하고 어느 작은 도시의 슈퍼마켓 앞에 서 있습니다. 한 손에는 초록색 마술봉을, 다른 손에는 커다란 팻말을 들고 있네요. 팻말에는 이렇게 적혀 있어요.

"여러분, 버림받은 불쌍한 동물들을 위해 기부해 주세요. 그러면 제가 여러분의 생각을 읽어 드릴게요."

그 글 아래에는 슬픈 눈을 한 커다란 개 한 마리가 그려져 있네요. 노라의 발치에는 모자 하나가 뒤집어져 있고요. 모자 안에 동전 몇 닢이 놓여 있는 걸 보니 벌써 몇 명이 동전을 던져 주고 갔나 봐요.

하지만 마음씨 좋은 그분들은 아마도 노라의 마술을 구경할 시간이 없었나 봐요.

노라는 기부금이 많이 모이지도 않고 사람들이 모두 다 바쁘게 발걸음을 재촉하는 걸 보면서 한숨을 내쉬었죠.

'휴, 다른 곳으로 가 볼까?'

그때 나이 지긋하신 노신사 한 분께서 슈퍼마켓을 나와 노라를 향해 뚜벅뚜벅 걸어오시는 게 아니겠어요?

"어린 아이가 동물들을 위해 이런 일을 하다니, 정말 마음이 갸륵하구나. 그런데 네가 다른 사람의 마음까지 읽을 수 있다고?"

노신사가 노라의 모자에 1유로를 던지며 말했어요.

"자, 그럼 어디 내 마음도 한번 읽어 보렴."

노라는 뛸 듯이 기뻤어요.

"네. 그럼 우선 1부터 9까지 중에서 마음에 드는 숫자 하나를 골라 보세요. 그 숫자가 무엇인지 제가 맞혀 볼게요."

그러자 신사는 고개를 끄덕이더니 금세 결정을 내렸어요. 노라는 지체하지 않고 다음 단계로 넘어갔죠.

"이제 그 숫자에 5를 곱하세요."

노신사는 마음속으로 계산을 했어요.

"그래, 네가 말하는 대로 했어. 다음은 뭐지?"

그런데 노신사와 노라가 주고받는 대화가 지나가는 사람들의 관심을 끌었나 봐요. 사람들이 하나둘 노라와 노신사를 둘러쌌고 모두 조금씩 웅성거렸어요.

"계산이 끝났으면 이제 거기에 24를 더하세요."

노신사는 노라의 주문에 따랐어요.

"이제 거기에 맨 처음에 생각하신 숫자를 더하세요. 더하셨어요? 자, 이제 거의 다 됐어요!"

노라 자신도 자신의 마법이 통할지 아닐지 몰라서 마음이 설어요.

"자, 이제 그 숫자에서 18을 뺀 다음 그 답을 다시 6으로 나누세요."

그게 마지막 단계였죠. 노신사는 노라가 시키는 대로 열심히 계산했어요.

"자, 그 답을 제게 말해 주세요."

노신사는 잠깐 계산하더니 말했어요.

"응, 그러니까 그 답은…… 10이 되는구나"

그러자 노라가 신이 나서 외쳤어요.

"수리수리마수리 텔레파시수리…… 얍! 처음 생각했던 그 숫자를 머릿속에 떠올려 주세요. 그래야 텔레파시가 통하니까요!"

그러면서 한 손에 들고 있던 마술봉으로 신사분의 얼굴 주변에 원을 그립니다.

"그러니까 아저씨가 생각하신 숫자는……."

노라는 일부러 시간을 끕니다. 그래야 긴장감이 더해지니까요.

"처음 마음속에 떠올린 숫자는 9예요, 맞죠?"

"어? 그래……. 어떻게 알았지?"

얼떨떨한 표정으로 신사가 대답했어요. 주위를 둘러싸고 있던 사람들은 "와, 굉장한데!"라고 외쳤죠. 아주머니 한 분이 자기도 해 보고 싶다고 나섰어요. 그러자 중학생처럼 보이는 빼빼마른 남자 아이도 소리쳤어요.

"나도 해 보고 싶어!"

사람들이 환호해 줄수록 노라는 더 신이 났어요. 물론 마술은 단 한 번의 실패도 없이 성공했죠. 계속 이렇게만 된다면 저녁쯤에는 꽤 많은 돈이 모일 것 같았어요. 그러면 동물 보호소에 더 많은 액수를 기부할 수 있을 테고, 더 많은 동물들이 안락한 보금자리를 얻을 수 있을 거라는 상상만으로도 노라는 가슴이 벅찼어요.

어때요? 다른 사람의 마음을 읽을 수 있다는 게 멋지지 않나요? 아니라고요? 노신사가 노라에게 어떤 힌트 같은 것을 줬을 것 같다고요? 물론 힌트를 주긴 했죠. 하지만 여러분이 상상하는 방식으로는 아니랍니다. 복잡한 계산 과정이 힌트였다면 몰라도 말이에요. 사실 노라는 노신사가 마지막에 제시한 숫자에서 1만 뺀 것뿐이랍니다. 어떻게 그럴 수 있냐고요?

이제부터 차근차근 따져 볼까요? 우선 노신사가 처음에 생각한 숫자를 N이라고 해 봅시다. 그 숫자에 5를 곱했죠?$(5 \times N)$ 그런 다음 24를 더하고, 거기에 자신이 처음 떠올린 숫자 N을 다시 더한 뒤 18을 뺐어요. 이걸

식으로 표현하면 $5 \times N + 24 + N - 18$이 돼요. 그런데 여기까지의 공식을 $6 \times N + 6$으로 간단하게 만들 수도 있어요.[*] 어쨌든 노신사는 마지막으로 그 답을 6으로 나누었는데[**] 그 숫자는 바로 $N + 1$이 된답니다. 즉 $6 \times N + 6$을 6으로 나눈 결과 $N + 1$이라는 답이 나온 거죠. 그러니 노라는 노신사가 말한 답에서 1만 빼면 처음의 숫자를 얻을 수 있었던 거죠.

어때요, 이제 원리가 이해됐나요? 원리만 완벽하게 이해했다면 비슷한 마술을 얼마든지 만들어 낼 수 있어요. N이라는 숫자를 출발점으로 삼은 뒤 자기만의 계산 과정을 만드는 거예요. 그 결과는 $N + 1$이 될 수도 있고 $N + 2$가 될 수도 있겠죠. 마지막에 얼마를 뺄지는 여러분이 정하기 나름이에요. 앞서 나왔던 $(5 \times N + 24 + N - 18) \div 6 = N + 1$이라는 기본 공식을 조금씩 변형시키기만 하면 되는 거예요. 단, 기본적인 수학 공식 몇 가지는 염두에 두어야 되겠죠?

참, 자기만의 마법 공식을 만들 때 주의해야 할 게 또 하나 있어요. 그건 바로 나누는 숫자로 6이 가장 좋다는 거예요. 다른 숫자로 나눌 수도 있지만 그러다 보면 분수가 등장할 가능성이 높거든요. 물론 수학 실력이 뛰어난 마법사라면 그쯤은 아무런 문제도 아니겠지만 말이에요.

---

[*] 덧셈의 결합법칙과 교환법칙 덕분에 이런 교환이 가능한 것이랍니다. 거기에 대한 더 자세한 설명은 '아리따운 예언자'와 '숫자 로켓' 부분에 나와 있어요.

[**] 여기에는 수학에서 말하는 분배법칙이 적용돼요. 자세한 설명은 '언제나 7만 나와요!' 부분에 나와 있어요.

노라의 마술 뒤에는 덧셈과 뺄셈, 곱셈과 나눗셈이 서로 전환된다는 원리가 숨어 있어요.* 그러니까 N이라는 숫자에 예를 들어 11을 더했다면 거기에서 11을 빼면 원래의 N이 나오겠죠? 반대로 N에서 17을 뺐다면 17을 더해야 원래의 값을 얻을 수 있을 테고 말이죠.

곱셈과 나눗셈도 마찬가지예요. N에 81을 곱했다면 다시 81로 나누면 되고 5로 나누었다면 다시 5를 곱하면 원래의 값을 얻을 수 있겠죠?

그런데 이러한 교환법칙이 모든 연산에 적용되는 것은 아니에요. 예를 들면 '자무엘의 마법 시계'에 나오는 '나머지 연산의 법칙'이 그래요. 우리가 생활에서 자주 마주치는 물건 중 하나가 시계잖아요? 예를 들어 아날로그시계를 보면 지금이 오전 7시인지 오후 7시인지 알 수 없죠? 아날로그시계에는 '나머지 12의 공식(mod 12)', 즉 19시와 7시의 차이를 인식하지 않는 법칙(19시－12시＝7시)이 적용되기 때문이에요.

---

* 하지만 숫자 0이 승수, 즉 곱하는 수가 되면 곤란해요. 앞서도 말했듯 제수, 즉 나누는 수가 0인 경우에는 문제가 매우 복잡해지거든요. 하지만 거기에 대한 설명은 하지 않을 거예요. 복잡한 문제로 어린 마술사들의 머리를 어지럽히고 싶진 않거든요.

그런데 교환법칙은 손실되는 것이 없을 때에만 가능해요. 수학을 비롯한 자연 과학 모든 분야에서도 그 원리가 적용되죠. 예를 들어 볼까요? 케이크 한 조각을 살짝 미는 행동은 교환이 가능한 거예요. 원위치로 되돌려 놓을 수 있잖아요? 하지만 케이크 한 조각을 먹는 행위는 교환이 안 된답니다. 그 이유는 말하지 않아도 모두 쉽게 추측할 수 있겠죠?

상수(여기에서 상수란 상대방이 머릿속에 떠올리는 수 N을 가리키는 말이에요) 개념을 반드시 이해해야 이 마술을 할 수 있는 것은 아닙니다. 물론 상수를 알고 있다면 자신감이 더해지기는 하겠지만요. 어쨌든 마지막에 상대방이 이야기하는 수에서 1을 빼야 원래의 수를 얻을 수 있다는 정도는 알고 있어야 마술을 부릴 수 있습니다. 여러 사람을 상대로 여러 가지 숫자의 답을 얻는 연습을 하다 보면 자신감도 생기고 상수에 대한 이해도 깊어질 거예요.

아이가 숫자놀이를 지루해 한다면 숫자 대신 물건을 이용할 수도 있습니다. 예컨대 다음과 같이 말예요.

먼저 도화지 위에 상자나 봉지 하나를 그린 뒤 아이에게 그 안에 몇 개의 사탕이 담겨 있는지 상상해 보라고 하세요. 그 숫자가 곧 아이가 마술을 할 때 관객 중 한 명이 마음속으로 상상하는 숫자가 되겠죠. 그런 다음 봉지 수를 다섯 배로 늘리라고 합니다. 즉 봉지 네 개를 더 그리는 거죠.

다음으로 관객이 해야 할 일이 무엇이었죠? 24를 더하는 거였죠? 그러니 그 상태에서 아이에게 사탕 24개를 더하라고 말합니다(사탕 24개를 일일이 그려도 좋고, 귀찮거나 시간이 부족하다면 '사탕 24개'라고 여백에 쓰기만 해도 됩니다). 그런 다음 지금까지 더한 숫자에 처음 생각한 사탕 개수를 다시 더하라고 합니다. 부모님 입장에서는 사탕 봉지를 하나 더 그리면 되겠죠.

이제 다시 18개를 빼라고 말합니다. 아이가 계산하는 동안 부모님은 봉지들 옆에 늘어선 사탕 24개 중 18개에 사선을 그어 '취소 표시'를 해야겠죠. '사탕 24개'라는 글씨에 취소 표시를 하고 '24 개−18개＝6개'라고 적어도 좋고요. 마지막으로 아이에게 지금까지 계산한 답을 6으로 나누라고 시킵니다. 그사이 부모님은 도화지 위의 봉지 6개 중 5개에 취소 표시를 하고 바깥에 남은 6개의 사탕 중 5개에 사선을 그어 취소 표시를 합니다. 혹은 봉지 5개에 취소 표시를 한 뒤 '24개−18개＝6개'라는 글씨를 지우고 '6÷6＝1'이라고 적어도 좋고요.

그러고 나면 남는 건 봉지 1개와 낱개의 사탕 1개뿐입니다. 즉 처음 생각한 사탕의 개수 N에다 1을 더한 만큼이 되는 것이죠. 거기에서 낱개로 남은 사탕 1개마저 지워 버리면 결국 맨 처음 생각한 숫자만큼의 사탕이 든 봉지 하나만 남는 거죠.

실력이 뛰어난 친구들을 위한 특별 마술 : 생일 알아맞히기

위 마술을 이용해 한 개의 숫자를 맞힐 수도 있지만 더 나아가 상대방의 생년월일을 알아맞힐 수도 있어요. 단, 여기에는 도화지와 전자계산기라는 준비물이 필요하답니다. 마술은 다음과 같이 진행돼요.

마술사는 관객 중 한 명에게 자신이 태어난 날짜에 20을 곱한 다음 그 답에 3을 더한 뒤 다시 5를 곱하라고 지시합니다. 다음으로 그 값에 자신이 태어난 달을 더해요(예를 들어 9월에 태어난 사람이라면 9를 더하는 거죠). 그다음은 그 숫자에 20을 곱한 뒤 3을 더하는 거예요. 마지막으로 그 숫자에 5를 곱한 다음 태어난 연도의 마지막 두 자릿수를 거기에 더합니다.

관객은 그 숫자를 마술사에게 알려줍니다. 그러면 마술사는 그 숫자를 가지고 다음과 같이 생년월일을 추리해 내는 거죠.

이 마술에서 제일 중요한 것은 상대방이 제시한 숫자에서 1515를 빼면 여섯 자리의 값이 나오는데 그 값이 바로 그 사람의 생년월일이라는 것이에요. 날짜/달/연도(DD/MM/YY)*순으로 두 자리씩 나오는 거예요. 단, 태어난 연도의 앞자리가 19인지 20인지는 상대방의 얼굴을 보고 추측해야 하는데, 어렵지는 않을 거예요.

---

* D-Day, M-Month, Y-Year

참고로 이 마술은 분배법칙 때문에 가능한 거예요. 공식은 다음과 같습니다.[**]

$$[\{(DD\times 20+3)\times 5+MM\}\times 20+3]\times 5+YY-1515$$
$$=DD\times(20\times 5\times 20\times 5)+3\times(5\times 20\times 5)+MM\times(20\times 5)$$
$$\quad +3\times 5+YY-1515$$
$$=DD\times 10000+MM\times 100+YY+3\times 500+3\times 5-1515$$
$$=DDMMYY+1515-1515=DDMMYY$$

[**] '언제나 7만 나와요!' 부분에 나오는 설명을 참고하세요.

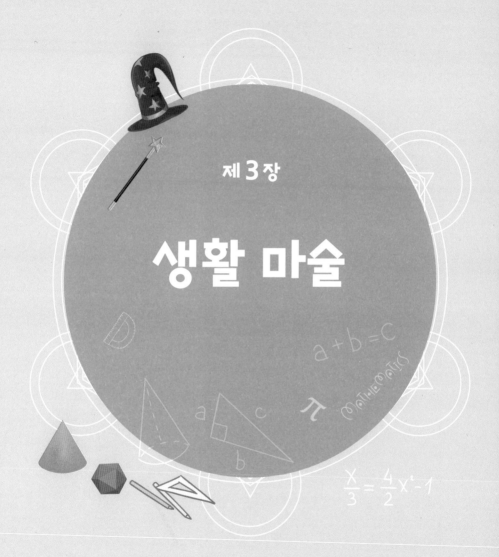

제3장

생활 마술

자무엘의 마법 시계

필요 인원 마술사 1명

필요한 능력 시계 보기 능력(설명을 이해하려면 나머지가 남
는 나눗셈을 할 수 있는 능력도 요구됨)

준비물 시계 그림이 그려진 커다란 도화지 1장, 마술
봉 1개

　자무엘이 커다란 안경을 쓰고 무대에 등장합니다. 자무엘은 '마술사 꿈나무 대회'에 참가하는 게 이번이 처음이래요. 당연히 많이 떨리겠죠? 하지만 자무엘은 엄마가 들려주신 괴테*의 시를 암송했어요. 주문을 외듯이 말이죠. 괴테의 유명한 작품 《파우스트》에 나오는 〈마법 견습생〉이라는 제목의 시인데, 제목만 들어도 자무엘이 참가하는 대회와 꽤 어울리는 것 같죠? 자, 그럼 어떤 시인지 들어 볼까요?

＊　요한 볼프강 폰 괴테(1749~1832)는 세계적으로 유명한 독일의 시인이자 문학가예요.

마법 스승님께서 외출을 하셨군!

이제 스승님의 정령들이 내 말을 따라 주겠지?

스승님의 말과 행동 그리고 기술도 눈여겨 봐 두었지.

그 정령들의 힘으로 나도 기적을 이뤄 낼 거야!

주문을 다 외운 자무엘이 제일 자신 있는 마술을 시작합니다.

"여러분, 잘 오셨어요. 이 자리에 오신 것을 환영합니다. 오늘 저는 여러분께 아주 특별한 마술을 보여 드릴 거예요. 그게 뭐냐고요? 하하, 이제 곧 여러분은 저를 둘러싼 정령들의 기운 때문에 모두 같은 생각을 하게 될 거예요. 믿기지 않는다고요? 두고 보세요!"

여기까지 말한 뒤 자무엘은 잠시 숨을 가다듬었어요. 자기가 한 말을 청중들에게 이해시키기 위해 일부러 휴식을 취한 것이죠.

"자, 이제 10에서 50 사이의 숫자 중에서 아무거나 한 개만 떠올려 보세요. 결정하셨나요? 그럼 이제 이 그림을 보세요."

자무엘은 오른팔을 물 흐르듯 펼치며 커다란 도화지 위에 그려 놓은 시계를 가리켰어요.

"모두 마음속에 숫자 한 개를 생각하셨나요? 흠, 시계 오른쪽 아래편에 하트 모양들이 보이시나요? 그 안에 알파벳이 적혀 있죠? 다들 잘 보이시나요? 네, 좋아요. 그렇다면 이제 여러분이 시계 바깥쪽에 있다고 가정하고 한 걸음씩 옮겨 가 보세요. 아참, 첫 걸음은 'a'부터 시작하는 거예요. a, b, c, d를 거친 다음 숫자판 안으로 들어온 뒤 계속해서 시계 반대 방향으로 가시면 돼요. 몇 칸을 가야 하냐고요? 처음 여러분이 생각하신 숫자만큼 칸을 이동하시면 돼요. 흠, 그러니까 a를 첫 걸음으로 치고 여러분이 생각하신 숫자만큼 계속해서 시계 반대 방향으로 이동하는 거예요, 간단하죠?"

객석에서 웅성거리는 소리가 들렸지만 자무엘은 침착하게 몇 초간 기다렸어요. 기다리면서 관객들의 반응을 보려는 거였죠.

셈이 대충 끝났다 싶을 무렵 자무엘은 마술봉을 들고 공기를 휘익 가르면서 주문을 외웁니다.

"수리수리마수리 합동의법수리, 얍! 자, 이제 정령의 기운이 여러분을 감쌀 거예요."

자무엘이 마술봉을 떨어뜨리며 말을 이었어요.

"거기까지 계산이 끝났나요? 모두 각자 처음 생각한 숫자만큼 이동하셨나요? 그럼 이번에도 시계 반대 방향으로 세 칸을 더 가세요. 그런 다음 처음 생각한 숫자만큼 시계 방향으로 돌아오세요. 즉 지금까지와는 반대 방향으로 돌아와야 하는 거예요. 됐나요? 다 됐으면 다시 같은 방향, 즉 시계 방향으로 여섯 칸을 더 가세요."

자무엘은 다시 관객들에게 계산할 시간을 줬어요. 그런 다음 이렇게 외쳤어요.

"신사 숙녀 여러분, 정령들의 시간 속으로 들어오신 것을 진심으로 환영합니다!"

청중들은 아직까지도 무대 위의 어린 아이가 무슨 말을 하는지 몰라서 어리둥절해하고 있었어요. 하지만 잠시 뒤 우레 같은 박수가 쏟아졌습니다.

"이럴 수가! 저 아이는 정말 천재야!"

여기저기에서 감탄사가 쏟아집니다. 자무엘은 관객들을 향해 몸을 굽혀 인사했어요. 그리고 코에 걸쳐 있던 안경을 벗어 윗주머니에 넣은 뒤 어깨에 한껏 힘을 주고 무대 밖으로 퇴장했어요. 이제 남은 건 심사 위원들의 평가뿐이죠. 심사 위원들은 자무엘의 마술을 어떻게 봤을까요? 자무엘의 가슴은 벌써부터 쿵쿵 쾅쾅 방망이질했어요. 하지만 발표가 나기까지는 아직도 두 시간이나 남았어요. 떨리는 마음도 달랠 겸 자무엘은 대회장을 둘러보고 다른 참가자들과 이야기도 나눠 보기로 했어요.

그런데 자무엘이 말한 '정령들의 시간'은 무엇이었을까요? 여러분도 자무엘의 마법에 동참하셨나요? 만약 그렇지 않다면 지금이라도 한번 해 보세요. 그러면 자무엘이 말한 정령들의 시간이 무슨 의미인지 금방 알 수 있을 거예요.

이제 우리 함께 마법의 발자취를 추적해 볼까요? 예를 들어 여러분이 35라는 숫자를 마음속에 떠올렸다고 가정했을 경우, 시계 안으로 들어가려면 다섯 걸음을 옮겨야 해요. a－b－c－d－4의 순서대로 이동하니까 말이에요. 그럼 이제 남은 걸음은 30걸음이죠? 4시에서 시작해서 시계 반대 방향으로 30걸음을 옮기면 10시에 도착하게 돼요. 그런 다음 어떡하라고 했죠? 그래요, 계속해서 반시계 방향으로 세 걸음 더 가라고 했어요. 그러면 7시에 도착하겠죠. 이어 시계 방향으로 35걸음을 옮기면 6시에 도착하는데 6걸음을 더 옮기라고 했으니…… 종착점은 어디죠? 맞아요, 12시죠? 그게 바로 정령들의 시간이랍니다!

그런데 발걸음을 옮기는 동안 뭔가 특별한 점이 발견되지 않았나요? 모르겠다고요? 흠, 4시에서 출발해서 진짜로 서른 걸음을 옮겨야만 했을까요? 그중 일부는 건너뛰어도 되지 않았을까요?

만약 서른 걸음이 아니라 열두 걸음 혹은 스물네 걸음, 서른여섯 걸음을 옮겨야 했다면 결국 4시로 돌아오게 될 거예요. 위치가 전혀 달라지지 않는 거죠. 시계 방향으로 움직이든 시계 반대 방향으로 움직이든 그 위치는 달라지지 않아요. 12의 배수만큼의 걸음은 어차피 '사라지게' 되어 있으니까 말이에요. 그러니까 만약 13걸음을 움직여야 한다면 1걸음만 움직여도 결과는 마찬가지예요. 35걸음을 움직여야 한다면 11걸음만 움직이면 되고(35－24＝11), 17걸음을 움직여야 한다면 5걸음만 움직이면 되겠죠(17−12=5).

이 원칙은 수학에서 말하는 '합동의 법'에 따른 거예요. 합동의 법이란 합동식에서 일정하게 곱해지는 숫자, 즉 인수를 의미하는 말이에요. 수학에서는 이것을 '모듈러스^{modulus}'라는 영어 표현을 줄여서 'mod'라고 표현하고, 합동의 법이라 부르죠. 합동의 법에 따른 공식은 '합동식'이라 불러요. 합동식이란 두 개의 수를 합동의 법으로 나눈 뒤에 남는 나머지가 같으면 그 두 숫자가 같다고 인정하는 식을 의미해요.

자무엘의 마술에서는 12가 합동의 법이니 '−1은 12에 관하여 11과 합동'이 되는 거예요. 이것을 식으로 표현하자면 '−1=11(mod 12)'가 되는 거죠. 시계 방향으로 한 걸음 움직이는 것은 +1이 되고 시계 반대 방향으로 한 걸음 움직이는 것은 −1이 되는 거예요. 합동의 법에 따른 공식에 따라 계산했더니 답이 −2였다면 시계 반대 방향으로 두 걸음을 가야 하는 것이고 −3이 나왔다면 시계 반대 방향으로 세 걸음을 가야 하는 거예요. 이때 출발점이 12시라면 각기 10시와 9시가 도착점이 되겠죠.

복잡하다고요? 그렇다면 다시 한 번 계산해 봐요. 맨 처음 생각한 숫자가 23이었다면 어떻게 됐을까요? 그리고 만약 거기에다 합동의 법을 적용시킨다면 어떻게 될까요?

우선, 어떤 숫자를 생각했든 5걸음 움직이면 도착하는 시각은 늘 4시예요. 그리고 이제 이미 5걸음을 움직였으니 남은 걸음은 18걸음이에요. 즉 시계 반대 방향으로 18걸음을 움직여야 하는 거죠. 그런데 거기에 합동의 법을 적용하면 18에서 12를 빼야 하니까 남는 것은 6이에요. 즉 18걸음이 아니라 6걸음만 옮기면 되는 거죠. 그런 다음 같은 방향으로 3걸음을 더 옮기라 했으니 우리는 4시에서 총 9걸음을 옮겨야 해요. 이어 시계 방향으로 처음 생각한 숫자인 23만큼 걸음을 옮겨야 하죠? 하지만 거기에도 법을 적용하면 23 - 12 = 11이 되니까 시계 방향으로 11걸음만 옮기면 돼요.

그런데 11걸음을 시계 방향으로 옮긴다는 말은 시계 반대 방향으로 1걸음을 옮긴다는 것과 똑같아요. 11은 12에서 1을 뺀 숫자잖아요. 따라서 앞서 시계 반대 방향으로 9걸음을 옮긴데다 이번에 다시 같은 방향으로 1걸음 더 옮기니 시계 반대 방향으로 총 10걸음을 옮겨야 해요.

마지막으로 자무엘은 시계 방향으로 6걸음을 옮기라고 했어요. 그러니 우리는 시계 반대 방향으로 총 4걸음만 옮기면 되는 거예요. 맨 처음 5걸음만 옮긴 상태, 즉 4시에 머무른 상태에서 나머지 걸음들을 모두 계산한 결과 시계 반대 방향으로 4걸음을 옮기게 된 거예요. 그러면 어디에 도착할까요? 맞았어요, 12시에 도착하는 거예요!

이제 자무엘의 시계 속에 숨은 마법의 비밀을 알겠죠? 그런데 아직 풀리지 않은 비밀이 한 가지 있어요. 왜 모두 마지막에는 12시에 도착하게 되는 걸까요? 그 비밀도 물론 파헤쳐야겠죠?

우선 10에서 50 사이의 숫자 한 개를 N이라고 부르기로 해요. 그렇다 해도 하트 모양들을 지나 4라는 숫자에 도착하기까지 옮겨야 하는 발걸음 수는 늘 똑같아요. 즉 5걸음인 거죠. 따라서 4시부터 반시계 방향으로 이동해야 하는 걸음의 수는 언제나 N - 5가 된답니다. 즉 4시에서 N - 5만큼을 이동해야 하는 거죠.

결과적으로 마지막 종착역은 $(4-(N-5))(\mathrm{mod}\ 12)$가 되고 이는 곧 $(4-N+5)(\mathrm{mod}\ 12)$이고, 이는 다시 $(9-N)(\mathrm{mod}\ 12)$라는 공식이 성립됩니다. 즉 $(4-(N-5))(\mathrm{mod}\ 12)=(4-N+5)(\mathrm{mod}\ 12)=(9-N)(\mathrm{mod}\ 12)$가 되는 거죠. 다시 말해 N이 23일 경우, $(9-23)(\mathrm{mod}\ 12)=-14(\mathrm{mod}\ 12)=-2(\mathrm{mod}\ 12)=10(\mathrm{mod}\ 12)$, 즉 10시가 되는 거예요.

그런데 그게 끝이 아니었죠? 거기에서 반시계 방향으로 3걸음을 더 가라고 했잖아요. 그러니 $(9-N-3)(\mathrm{mod}\ 12)=(6-N)(\mathrm{mod}\ 12)$가 되고 결국 $(6-23)(\mathrm{mod}\ 12)=(-17)(\mathrm{mod}\ 12)=(-5)(\mathrm{mod}\ 12)=7(\mathrm{mod}\ 12)$이 돼요. 즉 도착 지점이 7시가 되는 거예요.

그러나 그것도 끝이 아니었죠. 거기에서 N걸음만큼 시계 방향으로 가라고 했거든요. 그러면 한 단계 전으로 돌아가서 $(6-N)(\mathrm{mod}\ 12)$라는 공식부터 시작해 볼까요? 거기에서 N만큼 시계 방향으로 가라고 했으니 $(6-N+N)(\mathrm{mod}\ 12)=6(\mathrm{mod}\ 12)$이 되고, 이에 따라 결국 어떤 숫자를 고르든 6시에 도착하게 되어 있어요. 그런데 맨 마지막으로 시계 방향으로 6걸음 더 이동하라고 했으니 결국 최종 도착지는 12시가 되는 거예요. 이게 바로 자무엘의 마술 뒤에 숨은 소중한 비밀이랍니다![**]

[**] '언제나 7만 나와요' 마술에서도 이것과 비슷한 원칙이 활용되었어요. 관객들이 맨 처음 떠올린 숫자를 마지막에는 결국 버리게 만드는 원칙 말이에요.

‘합동의 법’은 양의 정수와 음의 정수를 이용한 계산에 쓰이는 수학의 한 개념입니다. 합동의 법이 반드시 12이어야만 하는 것은 아니에요. 1이나 2, 3 등 자연수 중 어떤 수라도 합동의 법이 될 수 있어요.

합동의 법을 이용한 연산을 우리는 ‘합동식’이라 부릅니다. 합동식은 “a라는 수는 합동의 법 c에 관하여 b라는 수와 합동이다”라고 말하고, $a = b \pmod c$라고 적습니다. 이에 따라 $3 \pmod 4 + 7 \pmod 4 = 10 \pmod 4 = 2$가 되고 $5 \pmod 4 \times 3 \pmod 4 = 15 \pmod 4 = 3$이 됩니다. 참고로 이 원칙은 위조나 오류를 방지해야 할 신용 카드 번호나 국제 표준 도서 번호ISBN에도 적용된답니다.

그런데 합동의 법은 알고 보면 매우 유용한 개념이에요. 시계의 경우, 12라는 합동의 법이 있기 때문에 중요하지 않은 정보를 잊어 버려도 되는 거죠. 즉 우리도 자무엘처럼 그때그때 12라는 합동의 법으로 나누는 기술을 활용함으로써 불필요한 과정을 생략할 수 있어요. $N \pmod{12}$라는 원칙을 활용해서 말이에요.

수학에서는 이런 식의 꾀가 자주 이용된답니다. 수학에서는 그러한 꾀를 ‘동치관계’ 혹은 ‘등치관계’라고 불러요. 동치관계란 말하자면 나무를 보느라 숲을 못 보는 상황을 방지하는 개념이에요. 사실 많은 사람들이 자기도 모르게 이 동치관계라는 개념을 생활 속에서 활용하고 있답니다. 그렇지 않다면 모두 넘쳐나는 정보의 홍수에 떠밀려 어디론가 사라져 버렸을 거예요.

여러분도 크기나 무게, 이름이나 취향 등이 같은 사물이나 생물에 대해서는 모두 똑같은 것이라 착각할 때가 많지 않나요? "게네들 둘 다 어디어디에 살아.", "게네들 둘 다 록음악을 좋아해."라고 말할 때가 분명 있을 거예요. 그게 바로 동치관계예요. 비록 두 사람이 같은 동네에 살더라도 서로 피부색이 다를 수도 있고 신발 크기가 다를 수도 있지만 거기에 대해서는 언급하지 않는 거죠.

어떤 말을 할 때에 중요한 정보만 밝힘으로써 중요하지 않은 나머지 정보를 생략하고 무시하는 게 바로 동치관계예요. 수학에서도 동치관계를 이용해서 문제를 간단하게 만들 때가 많답니다!

합동의 법은 생각보다는 쉬운 개념입니다. 당장 생활 속에서도 대부분 사람들이 시계를 볼 때 무의식중에 12라는 합동의 법을 활용하고 있거든요. 놀이를 통해 이 법칙을 무의식중에 인지시킬 수도 있습니다. 예를 들어 여러 명의 아이들을 둘러앉게 한 뒤 '무', '궁', '화'를 돌아가면서 말하게 하고, '무'를 말한 아이들을 한 곳에 따로 모으는 방식 등을 이용해서 말이죠.

많은 수의 아이들이 함께 모여 있다면 '무궁화 꽃이 피었습니다'를 한 글자씩 돌아가면서 말하게 한 뒤 여러 그룹으로 나눌 수도 있습니다. 예를 들어 그 자리에 열 명이 있다면 '무'를 말한 아이들과 '궁'을 말한 아이들을 따로 모으는 방식이에요. 이때 '무'를 말한 아이는 말하자면 $1 \pmod{10}$이 되고 '궁'을 말한 아이는 $2 \pmod{10}$가 되는 식입니다.

몇 마리의 낙타를 물려받을까?

필요 인원	마술사 1명, 조수 1명
필요한 능력	요구되는 능력: 간단한 분수 계산 능력
준비물	낙타 인형 18개(낙타 인형 대신 동일한 물건 18개도 가능), 탁자 1개, 터번 2개, 마술봉 1개

×18개

"살람 알레이쿰."

터번을 쓴 소년이 무대에 등장해 관객들에게 인사를 건넵니다.

"안녕하세요, 저는 알리 아흐메드 알 카멜로라고 해요. 오늘 저녁 저는 여러분께 놀라운 이야기 하나를 들려 드릴 거예요. 저와 함께 천일야화의 세계에 빠져 보시지 않을래요?"

"옛날 옛적에 바바 알 자밀라라는 노인이 살고 있었어요. 멋진 낙타를 17마리나 소유한 부자였죠."

알리는 탁자 위에 17개의 낙타 모형을 펼쳐 놓은 뒤 멋진 손동작으로 공중을 가르며 관객에게 훌륭한 낙타들의 모습을 감상하라고 몸짓으로 초대합니다.

"그런데 알 자밀라에게는 세 남매가 있었어요. 착하고 예쁜 아들딸이었죠. 자, 관객 중에 아들딸 역할을 하실 분 없나요?"

세 아이가 무대 위로 올라갑니다. 알리는 객석을 향해 그 아이들이 알 자밀라의 아들딸이라고 소개한 뒤 아이들에게 키 순서대로 서 달라고 부탁했어요. 아이들이 가장 큰 아이부터 작은 아이 순으로 위치를 바꾸자 알리는 곧 이야기를 이어 갑니다.

"바바 알 자밀라는 숨을 거두기 전 아이들에게 17마리의 낙타를 유산으로 남겼어요. 다음과 같이 유산을 나눠야 한다는 단서도 함께 말예요."

알리는 셋 중 키가 가장 큰 금발의 미소년과 중간키에 주근깨가 가득한 소녀 그리고 작업복 청바지를 입은 다섯 살쯤 되어 보이는 자그마한 남자아이를 차례로 가리키며 말합니다.

"네가 맏이니까 낙타의 절반을 가지거라. 둘째는 3분의 1을, 막내는 9분의 1을 가지면 되겠지. 내가 하고 싶은 말은 여기까지다. 나머지는 너희들끼리 알아서 결정하기 바란다."

알리의 말, 그러니까 세상을 떠난 아버지의 말이 떨어지기가 무섭게 아이들은 탁자로 달려가 낙타를 나누기 시작했습니다. 그런데 첫째가 이렇게 말했어요.

"이건 말도 안 돼. 17을 어떻게 2로 나누라는 거야? 낙타 한 마리를 두 동강이라도 내라는 말씀이신가?"

이 대목에서 알리가 슬며시 미소를 지으며 마술봉을 들어 올리더니 이렇게 외칩니다.

"수리수리마수리 계산하리 낙타하리!"

모두 긴장한 채 알리, 낙타, 그리고 세 아이를 바라보았어요. 하지만 아무 일도 일어나지 않았어요.

그때 터번을 쓴 소년 하나가 갑자기 무대 위로 뛰어들었어요. 무대 위 세 아이들보다는 조금 더 큰 아이였는데, 손에는 낙타 인형 한 마리를 들고 있었어요.

"안녕하세요, 전 바부 벤 매지코라고 해요. 여기 이 아이들의 삼촌이죠. 제가 고민에 빠진 이 아이들을 도와줄 거예요."

벤 매지코라고 자기를 소개한 그 아이는 형의 아이들, 그러니까 자신의 조카들에게 다가가더니 이렇게 말했어요.

"얘들아, 이 삼촌이 낙타를 한 마리 가져왔단다. 이 낙타가 너희들의 문제를 해결해 줄 거야."

소년이 자신이 가져 온 낙타 한 마리를 탁자 위 다른 낙타들 옆에 세우자 알 자밀라의 장남이 무릎을 탁 치며 소리쳤죠.

"이러면 되겠군요!"

장남은 탁자 위에 놓인 인형 중 9마리를 가져갔어요. 벤 매지코 삼촌과 마법사 알리는 두 동생들의 몫도 계산해 주었어요. 그렇게 해서 주근깨투성이인 소녀는 6마리를, 어깨 끈이 달린 청바지를 입은 막내는 2마리를 받게 되었죠. 분배가 끝나자 알리는 정중하게 몸을 숙여 인사를 하며 남은 한 마리를 벤 매지코 삼촌에게 되돌려 주었어요.

"정말 고마워요. 삼촌의 도움으로 문제가 해결됐군요. 저를 도와 주신 여기 이 세 분께도 진심으로 감사드립니다."

알리의 말이 끝나자 관중들은 기다렸다는 듯 우레와 같은 박수를 보냈어요.

신기하지 않나요? 아이들은 아버지께서 말씀하신 각자의 몫(2분의 1, 3 분의 1, 9분의 1)을 받았고 삼촌은 자신이 가져 온 낙타를 되돌려 받았으니 누구도 손해 보지 않고 아버지의 유언을 지킬 수 있었잖아요! 그게 바로 마술이랍니다! 아니, 마술이 아니라 수학이라고 해야 되나…… 어쨌든 이 마술에는 수학의 다양한 분야 중에서도 분수가 쓰였답니다.

그럼 세 형제가 유산을 물려받는 과정을 자세히 살펴볼까요? 맏이 는 18의 2분의 1인 9마리를, 둘째 는 3분의 1인 6마리를, 막내는 9 분의 1인 2마리를 물려받았어요. $2 \times 9 = 18$, $3 \times 6 = 18$, $9 \times 2 = 18$ 이니까요. 이때 곱하는 수들, 즉 9 와 6과 2를 더하면 17이 되죠. 삼 촌도 자신이 가져온 낙타 한 마리

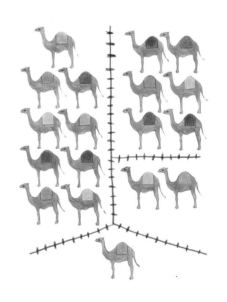

를 돌려받을 수 있었고 말이에요. 어때요? 간단했죠?

처음엔 왜 그렇게 어렵게 느껴졌을까요? 그건 바로 세 남매가 각기 물려받을 낙타의 수와 전체 낙타의 마릿수가 나누어떨어져야 한다는 생각 속에 갇혀 있었기 때문이에요. 하지만 아버지의 유언 중에 그런 내용은 처음부터 없었어요. 알리도 거기에 대해서는 아무 말도 하지 않았고요. 그저 첫째는 2분의 1, 둘째는 3분의 1, 셋째는 9분의 1을 물려받아야 했고 세 남매가 가진 낙타는 17마리였다는 것만 알고 있었을 뿐이에요. 즉 세 남매가 받아야 할 각자의 몫을 17로 나누어야만 한다고 다들 착각했던 거예요. 그런데 17이 어디 나누기 쉬운 숫자인가요?

하지만 거기에 1만 더하면 얘기가 달라지죠. 눈앞에 낙타 18마리가 있다면 아버지가 유언을 남기신 대로 쉽게 나눠지잖아요. 게다가 18분의 18마리, 즉 1마리는 남아서 삼촌한테 되돌려 줄 수 있기까지 하니 그보다 더 좋은 상황은 없겠죠!

이 마술은 17이 아닌 다른 숫자에도 적용된답니다. 단 유언장에 적힌 숫자가 나누어떨어지는 어떤 수보다 1만큼 적어야 하죠. 다시 말해 N은 나누어떨어지는 숫자가 아니지만 거기에 1만 더하면 여러 가지 숫자로 나누어떨어지는 숫자가 되어야 한다는 뜻이에요. 아, 물론 낙타를 반 동강 내서라도 물려받겠다면 굳이 나누어떨어지는 숫자가 아니라도 되지만, 그런 잔인한 행동은 피하는 게 좋지 않을까요?

분수의 셈은 수학의 다양한 셈 중 기본에 속하는 것이에요. 이 마술에서는 분수가 직접 등장하지는 않지만 사실 분수는 우리 생활 속 깊은 곳까지 침투해 있답니다. 시각을 말할 때 '한 시 반'이라고 말하는 것, 케이크를 친구들과 나눠 먹는 것, 아빠 친구분께서 주고 가신 용돈을 형이나 동생과 나누는 것, 내 몸무게는 엄마 몸무게의 절반이라는 것 등 생활 속 다양한 분야에서 알게 모르게 분수를 활용하고 있는 것이죠.

분수에 대해 더 많은 것을 알고 싶은 친구들이 있다면 한스 마그누스 엔첸스베르거의 《수학 귀신》이라는 책을 추천해 주고 싶어요. 그 책을 통해 분수뿐 아니라 수학의 다양한 분야를 접하며 수학의 매력에 푹 빠질 수 있을 테니까 말예요!

　마술을 시작하기에 앞서 먼저 어떤 분수를 활용할 것인지(누가 얼마나 물려받을 것인지) 고민해 보세요. 이때 분모의 합(N)에다 1을 더해야 한다는 점($N+1$), 나아가 $N+1$이 나누어떨어지는 숫자이어야 한다는 점에 주의해야 합니다. 즉 N을 17로 잡아서 17에다 1을 더해 18이 되게 하든가 N을 9로 잡아서 9에다 1을 더해 10이 되게 해야 한다는 말입니다. 그러면 18분의 9, 혹은 10분의 5라는 식으로 되어 나누어떨어질 수 있으니까요.

　생각해 내는 것이 여의치 않다면 이 마술에서 알리가 쓴 숫자를 그대로 이용하여 아이와 함께 여러 번 연습해도 좋습니다.

제 4 장

좌표와 도형
마술

필요 인원	마술사 9명(혹은 16명이나 25명)
필요한 능력	사고력
준비물	초콜릿 1개, 탁자 1개, 마술봉 1개

쉬는 시간 알림종이 울립니다. 모하메드는 자기 책상 위에 초콜릿 한 개를 올려 두더니 교실 밖으로 나갑니다. 밖으로 나가면서 친구 벤에게 자기 초콜릿을 누가 훔쳐 먹지 않는지 잘 감시해 달라고 부탁도 하네요. 반 친구 중 적어도 한 명은 자신의 초콜릿을 훔쳐 먹을 거라는 걸 직감한 거죠.

모하메드의 직감은 어긋나지 않았어요. 모하메드가 교실 밖으로 벗어나자마자 오락부장인 로타르가 모하메드의 책상 위에 놓여 있는 초콜릿을 자기 입 속으로 게 눈 감추듯 삼켜 버렸거든요. 그러자 벤은 이제 막 밖으로 나간 모하메드를 목이 타게 불렀어요.

모하메드는 벤의 목소리를 듣자마자 다시 교실 안으로 들어왔어요. 어라? 모하메드가 뾰족한 모자를 쓰고 손에는 마술봉 같은 걸

하나 들고 있네요.

모하메드는 날카로운 눈빛으로 교실 안을 둘러보며 친구 벤에게 용의자 16명을 대 보라고 말했어요. 물론 범인의 이름을 직접 대지는 않고 말예요. 절친한 친구인 벤을 고자질쟁이로 만들 수는 없었으니까요. 지목을 당한 친구들은 마법사 모자를 쓴 모하메드를 신기하게 쳐다볼 뿐, 다들 무슨 영문인지 몰라 의아해 했죠. 하지만 앞으로 펼쳐질 일이 궁금해서 모두 모하메드가 시키는 대로 따랐어요.

모하메드는 친구들에게 이렇게 말합니다.

"자, 모두 네 줄로 서 봐. 가로와 세로 모두 4열이 되게 말이야."

친구들은 잠시 웅성거리며 서로 밀고 당기더니 1분쯤 지나자 조금 비뚤비뚤했지만 모하메드가 원하는 대형에 가깝게 늘어섰어요. 창틀과 게시판 사이에 친구들이 4열 횡대 및 종대로 서 있는 것을 확인한 모하메드는 벤에게 물었어요.

"이 중에 초콜릿을 훔쳐간 사람이 몇 번째 줄에 있지?"

벤은 자신이 본 그대로 대답합니다.

"앞에서 두 번째 줄에 서 있어."

다음으로 모하메드는 대형을 바꾸라고 지시합니다. 각자 자신의 왼쪽 옆 사람의 뒤에 가서 서라고 지시한 것이죠. 그 결과 맨 첫 줄에 있던 친구들은 창가에 세로로 서게 되었고, 맨 마지막 줄에 있던 친구들은 게시판이 걸려 있는 오른쪽 벽 쪽에 서게 되었어요. 그 과정을 그림으로 나타내면 다음과 같답니다.

우선 친구들이 맨 처음 만든 대형은 아래와 같았어요.

1	2	3	4
5	6	7	8
9	10	11	12
13	14	15	16

이후 모하메드의 지시에 따라 다음과 같이 서게 되었죠.

1	5	9	13
2	6	10	14
3	7	11	15
4	8	12	16

모하메드가 다시 벤에게 묻습니다.

"자, 이제 초콜릿 도둑은 몇 번째 줄에 서 있지?"

벤은 히죽 웃으며 대답합니다.

"마지막 줄이야."

대답을 들은 모하메드는 마술봉을 치켜들며 주문을 외웠어요.

"수리수리마수리 데카르트수리! 흠, 이제 도둑이 누군지 알겠어. 그건 바로 로타르야!"

로타르의 얼굴은 금세 홍당무처럼 붉어졌어요. 아마도 마음속으로는 모하메드가 대체 어떻게 알아낸 건지 궁금했겠죠? 그때 다음

수업의 시작을 알리는 종소리가 들려옵니다. 아이들은 모두 얼른 제자리로 돌아갔어요. 모하메드는 흡족한 얼굴로 모자를 벗고 마술봉을 책가방 안에 찔러 넣었어요. 수학 시간에 선생님 말씀을 열심히 들은 게 이런 멋진 효과를 발휘할 줄은 모하메드 자신도 미처 예상하지 못했답니다!

여러분, 모하메드의 마술 속에 어떤 비밀이 숨어 있는지 알아냈나요? 아직 찾지 못한 친구들을 위해 지금부터 설명해 볼게요. 우선 맨 처음 친구들이 늘어선 대형을 유심히 살펴보세요. 자리를 이동하기 전에 범인은 두 번째 줄(회색으로 표시된 줄)에 있었죠?

1	2	3	4
5	**6**	**7**	**8**
9	10	11	12
13	14	15	16

그리고 모하메드의 지시에 따라 자리를 옮긴 뒤에는 맨 마지막 줄, 즉 네 번째 줄에 있다고 했어요.

I	5	9	I3
2	6	I0	I4
3	7	I I	I5
4	8	I2	I6

어때요? 회색으로 표시된 숫자 중 중복되는 숫자는 8밖에 없어요. 즉 8
번 위치에 서 있던 로타르가 범인이 될 수밖에 없었던 거죠. 위 마술에서
모하메드는 단 두 번의 질문으로 범인을 알아냈어요. 그런데 이 규칙이 늘
적용될까요?

대답은 '예'랍니다. 또 모하메드는 친구들에게 자리를 이동하라고 지시
하는 대신 두 번째 질문에서 초콜릿 도둑이 세로로 몇 번째 줄에 서 있냐
고 물어볼 수도 있었어요. 이러나저러나 결국 결과는 마찬가지거든요. 어
떻게 그럴 수 있냐고요? 다음 좌표가 그 답을 가르쳐 줄 거예요.

I	2	3	4
5	6	7	8
9	I0	I I	I2
I3	I4	I5	I6

가로와 세로로 몇 번째 줄에 서 있는지만 알면 초콜릿 도둑을 찾는 것은
식은 죽 먹기예요. 가로와 세로의 숫자는 단 한 번만 만나게 되어 있으니
까 말이에요. 물론 모하메드가 그랬던 것처럼 가로로 늘어선 줄을 세로로
다시 늘어서게 만든 다음 두 개의 질문을 던져도 결과는 같답니다!

마술 속 수학의 원리

　모하메드는 가로로 몇 번째 줄, 세로로 몇 번째 줄에 초콜릿 도둑이 있다는 정보를 가지고 범인이 로타르라는 것을 알아냈어요. 이렇듯 두 개의 정보(가로줄 상의 위치와 세로줄 상의 위치)를 조합하면 원하는 지점의 위치를 확인할 수 있어요. 좌표를 이용해서 말이에요. 좌표는 두 가지 정보 사이의 관계를 이용해서 위치를 파악할 때 쓰이는 거예요.

　수학에는 해석기하학이라는 분야가 있어요. 선분이나 3차원 공간에서의 점들을 다루는 학문인데,* 가로축과 세로축의 조합을 이용한답니다. 다른 말로 '데카르트 좌표계**'를 활용한다고도 할 수 있어요. 좌표를 활용해 원하는 위치를 파악하는 이 방식은 특히 초등기하학***에서 피타고라스의 정리를 증명할 때 혹은 기하학적 도형의 무게중심의 위치를 증명할 때에 매우 유용하답니다.

---

* 　이보다 더 높은 차원의 공간을 다룰 수도 있지만 거기까지 설명하자면 내용이 너무 어려워진답니다.

** 　프랑스의 수학자이자 과학자, 철학자인 르네 데카르트(1596~1650)가 개발했다고 해서 붙여진 이름이에요.

*** 초등기하학에 관해 더 알고 싶다면 '이리로 재나 저리로 재나 똑같이 뚱뚱한 도형' 편을 참고해 주세요.

미분기하학****에서도 좌표를 이용해 위치를 확인하죠. 예를 들어 위도와 경도를 이용해 지금 내가 지구 표면 어디에 서 있는지 등을 파악하는 거예요.

나아가 좌표를 이용해 어떤 지점이나 위치를 나타내는 방식은 무한소의 크기를 파악하는 데에도 도움이 된답니다. 여기에 대해 더 자세히 알고 싶다면 '범위를 좁혀라!' 부분을 참고하세요. 또 만약 수학에서 말하는 '차원'에 관해 궁금하다면 에드윈 애벗이 지은《이상한 나라의 사각형》이라는 책을 적극 권장할게요.

**** 미분기하학에 관해서는 '삼각형 내각의 합은 언제나 180도이다?' 부분을 참고하세요.

이 마술은 제곱수를 이용하는 마술로, 반드시 16명이 아니어도 됩니다. 4명이나 9명 혹은 25명이 되어도 가능한 것이죠.

하지만 참가 인원이 네 명뿐이라면 비밀이 쉽게 드러날 확률이 높으니 되도록 많은 친구들을 세워 놓고 마술을 부리는 편이 더 신기하게 보이겠지요.

마술을 할 때 가장 중요한 점은 마술을 하는 아이가 가로줄과 세로줄의 개념을 이해해야 한다는 것입니다. 즉 친구들이 자리를 이동한 뒤에는 가로줄이 세로줄로 바뀐다는 점을 이해하고, 두 줄을 조합할 수 있어야 한다는 뜻입니다.

만약 관객의 수가 충분치 않다면 사람 대신 카드를 활용해도 좋습니다. 관객 중 한 명에게 좋아하는 카드 한 장을 마음속으로 고르라고 지시한 뒤 같은 방식으로 마술을 진행하면 됩니다.

카드를 정사각형 모양으로 늘어놓고 관객이 생각한 카드가 가로로 몇 번째 줄에 포함되어 있는지 확인한 다음 카드를 다시 배열하고 이번에는 세로로 몇 번째 줄에 놓여 있는지를 물어보면 관객의 생각을 쉽게 알아맞힐 수 있다는 뜻이죠.

안 보고도 찾을 수 있어요!

필요 인원   마술사 1명
(너무 어린 관객들에게는 어려울 수 있음)

필요한 능력   선의 교차점 파악하기, 초등기하학에 관한
기본적인 이해력

준비물   흰색 도화지 1장, 색종이 1장, 필기도구, 엽서 1
장, 컴퍼스 1개, 일반 자 1개, 딱풀 1개, 탁자 1개,
마술봉 1개

"안녕하세요, 저는 파울이라고 해요."

초록색 티셔츠를 입은 소년 하나가 무대 위로 등장하며 관객들에게 인사를 합니다.

"오늘 저와 함께 즐거운 시간을 보내시기 바랍니다. 자, 여러분 중 기꺼이 제 조수가 되어 주실 분은 안 계시나요?"

객석에서는 아무도 반응을 보이지 않았어요. 그런데 파울이 실망한 표정을 지으려는 찰나, 나이 드신 어르신 한 분이 손을 드셨어요. 아마도 파울의 할아버지였겠죠? 하지만 파울은 아무것도 모르는 척 방긋 웃으며 할아버지께 인사를 건넸어요.

"지원해 주셔서 감사합니다. 어서 오세요."

할아버지가 무대 중앙에 도착하자 파울은 계속해서 말을 이었어요.

"이 컴퍼스로 여기 이 종이에 동그라미 하나를 예쁘게 그려 주세요. 그리는 동안 저는 등을 돌리고 서 있을 거예요."

할아버지는 파울이 시키는 대로 했어요. 그동안 파울은 할아버지 앞쪽으로 나아가 객석을 쳐다보고 있었죠.

"다 되셨나요? 그럼 이제 도화지 뒷면에 원의 중심이 어디인지 표시해 주세요. 컴퍼스 자국이 남아 있으니 금방 찾을 수 있을 거예요. 표시하셨어요? 그럼 이제 도화지를 원래대로 뒤집은 다음 옆에 놓인 풀과 색종이 조각으로 원의 중심을 가려 주세요."

이번에도 할아버지는 파울의 지시에 따랐어요.

"이제 제가 뒤돌아서도 도화지 윗면만 보고서는 원의 중심이 어디인지 알 수 없는 것 맞죠?"

파울의 질문에 할아버지도 동의했어요.

"그렇겠네요, 꼬마 마술사님."

"좋아요, 그럼 이제 돌아설게요. 지금부터는 제 친구 한네스의 도움이 필요해요. 한네스는 지금 막 지구 반대편에서 부모님과 함께 여행을 즐기고 있죠."

파울은 마술봉과 자를 꺼내듭니다.

"참, 한네스가 제게 보내온 엽서도 활용할 거예요. 이걸 통해 한네스가 제게 보내는 영감을 전달 받을 거거든요."

파울은 마술봉을 높이 치켜들어 탁자 위에 놓인 엽서를 톡 하고 두드리며 주문을 외웠어요.

"수리수리마수리 중심위치수리!"

그런 다음 눈을 지그시 감고 명상에 잠겼어요. 한네스와 교신을 주고받는 것이었을까요? 잠시 뒤 눈을 뜬 파울은 엽서와 연필 그리고 자를 집어 들고 도화지 위에 뭔가를 그리더니 흡족한 목소리로 이렇게 말했어요.

"이제 거의 다 됐어요! 남은 건 다시 한 번 한네스에게서 영감을 받는 것뿐이에요. 그러자면 주변이 쥐 죽은 듯 고요해야 해요. 관객 여러분의 협조를 부탁드릴게요."

파울의 부탁에 관객들은 모두 숨을 죽였고, 사방은 바늘이 떨어지는 소리도 들릴 만큼 고요했어요.

그때 파울이 얼굴에 미소를 가득 지으며 도화지 위에 다시 선 몇개를 그었어요. 마술봉으로 엽서 위쪽 허공에다 가상의 선을 그리며 의미심장한 표정을 짓기도 했죠. 한동안 알 수 없는 동작을 반복하던 파울이 드디어 "이제 알아냈어요!"라며 도화지를 들어 올렸어요. 도화지 위에는 원이 그려져 있고 그 위에는 할아버지께서 붙인 색종이 조각이 붙어 있었죠. 그 색종이 조각 위에 파울이 십자 모양으로 중심의 위치를 표시해 놨군요.

"이제 컴퍼스의 뾰족한 부분으로 이 지점을 뚫을 거예요. 그런 다음 도화지를 뒤집으면 한네스가 제게 올바른 영감을 주었는지 아닌지 확인할 수 있겠죠?"

파울은 컴퍼스를 꽂은 다음 도화지를 들어 관객들 모두에게 보여주었어요. 결과는 어땠을까요? 그래요, 파울이 표시한 지점과 앞서 할아버지가 표시한 지점이 정확히 일치했어요!

할아버지는 "대단해요, 꼬마 마술사님!"이라며 감탄했고 관중들도 "브라보!"를 외쳤어요.

파울은 허리를 굽혀 관중들에게 인사를 한 뒤 도와주신 할아버지께도 악수를 청했어요. 그런 다음 가벼운 발걸음으로 무대 밖으로 퇴장했답니다.

파울은 어떻게 원의 중심의 위치를 정확하게 알아맞힐 수 있었을까요? 혹시 할아버지가 도우미인 척하면서 파울에게 무언가를 귀띔해 준 건 아니었을까요? 아니면 관객들 모르게 색종이 밑을 훔쳐본 건 아니었을까요? 그것도 아니라면 설마 진짜로 자와 엽서만 가지고 원의 중심의 위치를 알아낼 수 있었다는 말일까요?

맞아요, 알아낼 수 있어요! 여러분도 직접 한 번 해 보세요. 먼저 백지위에 원을 하나 그린 다음 엽서를 그

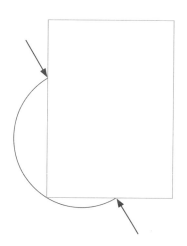

위에 겹치세요. 이때, 엽서의 한 귀퉁이가 원둘레와 맞닿아야 한답니다. 아래 그림에서처럼 말이에요. 왼쪽 아래 귀퉁이가 원둘레와 맞닿았죠? 다음으로 점을 두 개 찍을 거예요. 엽서 모서리와 원둘레가 맞닿은 지점에서 가로와 세로로 선이 한 개씩 뻗어 있는 게 보이나요? 그 선들과 원둘레가 맞닿은 지점에 각기 점을 하나씩 찍는 거예요. 다 됐으면 엽서를 치운 뒤 그 두 점을 자로 연결해서 직선을 그으세요.

됐나요? 그렇다면 이제 엽서의 위치를 바꾸어서 지금까지의 과정 전체를 다시 한 번 반복해 보세요. 이때, 엽서가 원둘레의 어느 지점과 내접해도 좋지만 아까의 위치와 정확히 반대되는 지점만은 피해 주세요. 이제 원을 가로지르는 두 개의 직선이 생겼죠? 그 두 선분이 서로 만나는 지점, 즉 교점이 바로 원의 중심이랍니다.

두 선분이 만나는 지점이 진짜 원의 중심인지 아닌지를 확인하는 방법은 두 가지가 있어요.

첫째, 맨 처음 컴퍼스를 이용해 원을 그릴 때 눌린 자국과 그 지점이 일치하는지를 살펴보는 거예요. 엽서의 가로선과 세로선이 원둘레와 맞닿는 지점을 정확히 표시하고 그 두 지점을 자로 정확히 연결하기만 했다면, 그리고 그 과정을 다른 지점에서 반복할 때에도 실수가 없었다면 분명 여러분이 표시한 위치와 컴퍼스 자국이 분명 일치할 거예요.

하지만 만약 자국이 너무 희미해서 보이지 않는다면 다시 한 번 원을 그려서 확인하는 방법도 있어요. 이게 바로 두 번째 확인 방법이 되겠죠.

여러분이 표시한 지점에 컴퍼스를 놓고 아까와 같은 반지름으로 원을

그려 보세요. 원래의 원과 새로 그린 원이 정확히 일치한다면 원의 중심의

위치를 정확히 알아냈다는 뜻이 되겠죠?

파울의 마술은 초등기하학에 관한 탈레스의 정리들을 이용한 마술이에요. 탈레스(기원전 약 624~546)는 소아시아의 밀레투스 지방에서 태어나 대대손손 이름을 떨친 위대한 철학자이자 수학자예요.

탈레스는 "특정한 방식으로 원 안에 그린 삼각형은 모두 다 직각삼각형이다."라고 말했어요. 이 마술에서도 엽서와 원이 내접한 지점이 직각이었죠?

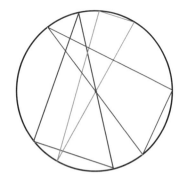

그런데 이때 '특정한 방식으로 그린 삼각형'이라고 했는데, 그건 다음과 같아요. 먼저 세 개의 변 중 한 변이 원의 중심을 가로질러야 해요. 즉 한 변이 원의 가운데를 지나는 것이죠. 그다음 같은 지점에서 출발하는 변을 한 개 더 그립니다. 그런 다음 그 두 개의 변을 잇는 것이죠. 단, 두 변이 각기 원 둘레와 만나야 해요. 그렇게 삼각형을 그리면 모든 삼각형이 직각삼각형이 될 수밖에 없답니다. 위에 있는 그림에서처럼 말이에요.

탈레스는 또 "원에 내접하는 모든 직각삼각형의 빗변(가장 긴 변)은 원의 중심을 지난다."고 말했어요. 이 말은 앞서 말한 원칙을 뒤집어 말한 것이라 할 수 있겠죠. 원 안에 들어가는 직각삼각형을 직접 그려서 탈레스의 말을 직접 검증해 보세요!

그런데 원 안에 직각삼각형 몇 개(최소한 2개)를 그리면 삼각형의 빗변들이 서로 만난답니다. 그 점이 바로 원의 중심이 되는 거죠. 파울도 바로 그러한 원리를 이용해 원의 중심을 알아낸 거예요.

고대 그리스인들도 눈금이 없고 각도기가 딸리지 않은 자와 컴퍼스만 이용해 평행선이나 특정한 각도, 원의 중심을 알아내는 데에 커다란 관심을 갖고 있었다고 해요.

실제로 눈금 없는 자와 컴퍼스만으로도 여러 가지 기하학적 도형들을 그릴 수 있어요. 파울의 마술에서도 자와 컴퍼스만으로 원의 중심을 알아냈잖아요.[*] 하지만 그릴 수 없는 도형이 아주 없지는 않답

---

[*] 물론 파울은 엽서를 이용했고 엽서의 한 귀퉁이는 직각이었으니, 엄밀히 말하자면 눈금 없는 자와 컴퍼스만으로 작도한 건 아니었어요. 하지만 엽서 대신 컴퍼스로 원의 중심을 알아내는 방법도 있답니다. 그러기 위해 먼저 원 하나를 그리고 그 원을 통과하는 선분 두 개를 그리세요. 이때 각 선분이 반드시 원의 중심을 통과할 필요는 없어요. 다음으로 각 선분을 정확히 둘로 나누는 수직선을 두 개 그리세요. 그런데 이때, 자에 눈금이 없으니 컴퍼스를 이용해 반지름이 같은 원 두 개를 그려야 해요. 흠, 어려운 문제 같죠? 하지만 알고 보면 어렵지도 않답니다! 원을 통과하는 선분들을 그릴 경우, 각 선분이 원둘레와 만나는 지점, 즉 교점이 두 개씩 생기죠? 각각의 교점을 중심점으로 삼고 너무 크지도 너무 작지도 않은 원 두 개를 그려 보세요. 그 원 두 개가 서로 맞물린다면 반지름이 똑같은 원 두 개를 그렸다는 뜻이고, 결국 선분을 둘로 나누었다는 뜻이잖아요. 그 맞물리는 지점들을 서로 연결하면 또 다시 교차하는 지점이 나오겠죠? 그 지점이 바로 원의 중심이랍니다!

니다. 많은 수학자들이 수백 년 동안 이를 악물고 노력해도 도저히 그릴 수 없는 것들이 있었거든요.

하지만 그사이에 성과가 전혀 없었던 건 아니에요. 적어도 몇몇 도형들은 눈금 없는 자와 컴퍼스만으로 도저히 작도할 수 없다는 사실은 알아냈으니까 말이에요. 예컨대 주어진 원의 넓이와 같은 면적을 지닌 정사각형은 작도할 수 없어요. 이를 두고 수학자들은 '원적문제'라고 부른답니다.

이와 같은 사실들을 증명하는 학문을 우리는 '대수' 혹은 '대수학'이라 불러요. 산술이나 방정식 등을 연구하는 학문이 바로 대수학이죠. 많은 학자들이 인도의 아리아바타라는 수학자가 대수학을 처음으로 발전시켰다고 믿고 있답니다. 대수학에 대해 관심이 많은 친구라면 드니 게즈라는 수학자가 쓴 《앵무새의 정리》를 권해 드릴게요.

이 마술에서 가장 중요한 것은 마술을 하는 아이가 관객이 표시한 원의 중심점을 볼 수 없어야 한다는 것입니다. 그렇지 않다면 더 이상 마술이 될 수가 없으니까요. 따라서 원의 중심점을 둘러싼 영역을 확실하게 가려 주어야 합니다. 이후 마술사가 엽서를 이용해 원의 중심점을 알아맞히는 것이 바로 이 마술의 핵심입니다. 엽서 귀퉁이가 직각이기 때문에 중심점을 알아맞히는 과정도 간단해지겠죠.

이미 아시겠지만 지구 반대편에 있는 친구를 거론하는 것은 관객들의 주의를 흐트러뜨리기 위한 속임수에 불과합니다. 이 마술의 비밀이 수학적 원칙이라는 사실이 탄로나지 않게 하기 위해 치는 일종의 연막이라고 할까요?

삼각형 내각의 합은 언제나 180도이다?

필요 인원 마술사 1명(관객이 너무 어리지 않아야 함)

필요한 능력 각도 재기(정수 이외의 수를 계산하는 능력이 요구될 수도 있음)

준비물 도화지 1장, 만년필이나 매직펜 1자루, 삼각자 1개, 원 모양의 풍선 1개, 불룩 튀어나온 부분이 있는(동물의 머리 모양이나 하트 모양 등) 풍선 1개, 전자계산기 1개, 탁자 1개, 마술봉 1개

"어머니, 아버지, 이모, 고모, 친구들, 모두 안녕하세요?"

리나가 커튼을 젖히며 무대 위로 등장합니다. 리나는 갈색 피부에 곱슬머리를 한 열두 살짜리 소녀예요.

"모두 학교 다닐 때 수학 공부는 열심히 하셨죠?"

리나의 질문에 관객들은 말없이 서로 눈치만 봤어요. 헛기침을 하는 사람도 몇몇 보이네요. 이에 리나가 슬며시 웃으며 이렇게 덧붙였죠.

"너무 걱정 마세요. 제가 기억을 되살려 드릴 테니까요."

리나는 탁자 밑에 있던 도화지 한 장과 연필, 삼각자를 꺼내서 크기가 서로 다른 삼각형 세 개를 그렸어요.

"여러분도 다 기억하고 계시겠지만 삼각형 내각의 합은 정확히 180도예요. 앞줄에 계신 신사분께서 직접 한번 재어 보시겠어요?"

리나는 앞줄에 앉아 있던 자신의 삼촌을 가리키며 말했어요.

지목을 당한 삼촌은 좌우를 둘러보며 당황해 하면서도 금세 무대 위로 올라와 리나가 건네는 삼각자를 들고 삼각형의 각도를 재기 시작했어요. 잠시 뒤 계산이 끝난 삼촌이 이렇게 말했어요.

"그래, 네가 말한 대로, 그리고 학교 다닐 때 무척 무서웠던 우리 수학 선생님께서 말씀하신 대로 삼각형 내각의 합은 정확히 180도구나."

"네, 확인해 주셔서 감사합니다."

리나는 삼촌에게 인사를 하고 탁자 밑에 숨어 있던 풍선 두 개를 꺼냈습니다. 아직 불지 않은 상태의 풍선들이었어요.

"여러분은 삼각형 내각의 합이 180도라는 사실이 불변의 진리라고 믿고 있죠? 어떤 물체에 삼각형을 그리든 말예요, 그렇지 않나요?"

리나의 질문에 관객들은 조금 당황하는 눈치였어요.

"좋아요. 그 말이 옳은지 아닌지는 확인해 보면 알겠죠."

말을 마친 리나는 터지지 않게 조심조심 풍선 위에 삼각형을 그렸어요. 리나가 다시 삼촌에게 이야기합니다.

"삼촌, 다시 한 번 각도를 재어 주시겠어요?"

"이번에도 네 말이 맞구나. 내각의 합은 정확히 180도야."

삼촌이 말했어요.

"좋아요. 그런데 제가 마술을 이용해 그 수치를 한 번 높여 볼게요. 수리수리마수리 기하학수리!"

리나는 마술봉 끝으로 허공에 가상의 원을 그리더니 탁자 위에 놓여 있는 풍선 중 하나를 콕 하고 건드렸어요. 곧이어 리나는 마술봉을 내려놓고 그 풍선에 바람을 넣었어요.

풍선은 점점 커져 갔고 그에 따라 그 위에 그려 놓은 삼각형도 점점 커져 갔어요. 리나의 얼굴이 홍당무처럼 빨개지나 싶더니 드디어 풍선이 동그란 모양으로 부풀어 올랐어요.

"삼촌, 이제 이 삼각형 내각의 합은 얼마죠?"

삼촌은 삼각자를 이리저리 돌리더니 커다래진 눈으로 말했어요.

"이럴 수가! 세 각의 합이 232도가 되었어. 180도에서 얼마나 늘어난 거지?"

"제 말이 맞죠? 내각의 합이 늘어났잖아요? 하지만 마술을 이용해서 그 합을 다시 180으로 되돌려 놓을 수도 있어요. 수리수리마수리 기하학수리!"

리나가 다시금 마술봉을 들고 허공에 가상의 원을 그렸어요. 그런 다음 이번에는 남아 있던 풍선 한 개를 마술봉으로 톡 건드렸어요. 그리고는 마술봉을 내려놓고 얼른 그 풍선에 바람을 넣었죠. 풍선 안에 바람이 들어가자 그 위에 그려 둔 삼각형도 커졌어요. 그런데 이번 풍선은 공 모양이 아니라 기다란 귀를 가진 토끼 얼굴 모양이에요. 풍선을 다 불고 나니 맨 처음 리나가 그린 삼각형은 정확히 그 두 귀 사이에 놓여 있었어요.

리나가 풍선에 매듭을 묶자마자 삼촌은 풍선을 받아 들었어요. 이번에는 내각의 합이 얼마가 나올지 그만큼 궁금했던 거죠. 삼촌은 세 개의 각을 한 번 재고 거듭 재더니 관객들이 들을 수 있게 큰 소리로 말했어요.

"리나야, 정말 신기하구나. 이번에는 내각의 합이 160도야!"

리나는 그럴 줄 알았다는 듯 담담하게 고개만 끄덕였어요.

"그래요, 삼촌. 귀 사이에 걸린 삼각형은 내각의 합이 180도보다 작죠? 수학 선생님 말씀을 무조건 믿을 일은 아닌가 봐요!* 삼촌도 그렇게 생각하지 않아요?"

그 말을 마지막으로 리나는 관객들에게 재빨리 인사를 하고 퇴장

---

* 수학 선생님 말씀 외에도 무조건 믿어서는 안 될 말들이 많답니다. 거기에 대해서는 '불가능은 없다!' 부분을 참고해 주세요.

했어요. 가족들이 너무 열렬히 박수 세례를 보내고 있는 게 조금은
민망했나 봐요.

그런데 정말 리나 말마따나 삼각형 내각의 합이 반드시 180도가 되어
야 한다는 법은 없는 걸까요? 그렇다면 그 외에 어떤 답이 나올 수 있을까
요? 고무풍선 표면에 삼각형을[**] 그리면 평면에 그린 삼각형보다 내각의
합이 커지거나 작아질 수 있는 걸까요? 그렇다면 만약 삼각형이 그려진
백지를 돌돌 만다면 내각의 합은 어떻게 달라질까요? 큰 삼각형과 작은
삼각형의 내각의 합은 서로 다를까요? 휴우, 너무 많은 질문들을 던졌죠?
답은 직접 한 번 확인해 보세요!

[**] 고무풍선 표면에 그려진 삼각형의 변은 직선이 아니라 곡선이 됩니다. 두 점
을 잇는 곡선은 여러 개가 있겠지만, 풍선 위에 그려진 곡선은 '측지선'이 됩
니다. 측지선이란 굽은 면 위에 있는 두 점을 잇는 가장 짧은 최단 곡선을 가
리키는 말입니다. 예컨대 지구라는 구球 위의 측지선은 적도가 되겠죠. 바람
이 빠진 풍선 위에 두 점을 찍고 그 점들을 직선으로 이어 보세요. 그런 다음
풍선을 불면 나타나는 선이 바로 측지선이에요. 풍선에 점 두 개를 찍고 그
점들을 직선으로 이은 뒤 바람을 불어넣으면 고무가 지닌 고유한 성질 덕분
에 선분이 굽으면서 측지선이 되기 때문이랍니다.

평면 위에 그린 삼각형의 내각의 합은 언제나 180도*라는 사실은 초등기하학의 한 원칙이에요. 이 원칙은 매우 오래 전부터 증명되어 온 진리랍니다. 고대 그리스의 학자들도 이미 그 사실을 알고 있었던 것 같아요. 만약 그렇지 않았다 하더라도 독일의 수학자이자 물리학자, 천문학자였던 가우스[1777~1855]의 뛰어난 업적 덕분에 평면 위에 그려진 삼각형 내각의 합이 180도라는 사실은 많은 이들에게 알려졌고요.

리나의 풍선처럼 굽은 면 위에 그려진 삼각형의 경우, 내각의 합이 180도가 아닌 다른 숫자가 될 수 있어요. 그리고 이때 원래의 크기와 별 차이가 없는 작은 삼각형보다는 크기가 많이 확대된 큰 삼각형의 경우에 변화의 폭도 더 커진답니다.

나아가 곡면 위의 삼각형의 합으로 평면이 얼마나 굽었는지를** 측정할 수도 있어요. 수학자들은 평면을 굽혀서 변형시켰을 때 원래

---

* 초등기하학에 관한 더 자세한 내용은 '보이지 않아도 알아요!'와 '이리로 재나 저리로 재나 똑같이 뚱뚱한 도형' 부분을 참고하세요.

** 수학자들은 이 변화의 정도를 '내재적 곡률' 혹은 '가우스 곡률'이라 부릅니다. 그리고 원통이나 원뿔의 경우 내재적으로 굽은 것이 아니기 때문에 결국 그 안에 그려진 삼각형의 내각의 합은 180도가 된답니다.

그려진 삼각형 내각의 합이 180도보다 크면 그것을 '양의 곡률'이라 불러요. 만약 세 각의 합이 정확히 180도라면 그것은 그냥 평평한 변형 혹은 평면적 변형이 되겠죠. 반면 세 각의 합이 늘 180도보다 작다면 '음의 곡률'이라는 말을 쓸 수 있어요.

예컨대 지구 표면은 양의 곡률을 지니고 있고 탁자 표면은 평면이며 말안장 같은 경우에는 부분적으로 음의 곡률을 지니고 있겠죠. 리나가 두 번째로 분 토끼 얼굴 모양의 풍선이 바로 마지막 사례에 해당할 거예요.

수학에서는 굽은 공간을 다루는 분야가 있어요. 그것을 우리는 '미분기하학'이라 부른답니다. 그리고 기하학은 영어로 '지오메트리geometry'라고 하는데요, '지오geo'는 그리스어로 땅을 의미해요. 즉 지오메트리란 '땅을 측정하다'라는 뜻이 되고요. 그런 의미에서 기하학도 결국 측정에 관한 학문이라 할 수 있어요.

예를 들어 어느 도시, 어느 주의 정확한 면적을 알아내려면 어떻게 해야 할까요? 직선도 중요하지만 곡선도 중요하지 않겠어요? 즉 지도를 만들 때에도 곡선에 대한 깊은 이해가 필요하다는 말이죠. 말이 나온 김에 책상 유리 밑이나 벽에 붙여 놓고 한동안 있는지도 몰랐던 지도들을 한번 유심히 살펴보세요!

　　모든 삼각형의 내각의 합이 180도라는 것을 증명하려면 여러 가지 모양의 삼각형들을 제시해야 합니다. 도화지 위에 적어도 다섯 개의 다양한 삼각형을 그리되, 정삼각형과 이등변삼각형, 직각삼각형, 예각삼각형, 둔각삼각형 등 여러 가지 모양을 활용할 수 있도록 유도하세요.

　　또 아이가 마술 시범을 보이기에 앞서 풍선 여러 지점에 삼각형을 그려 가며 연습하고 내각의 합을 확인할 수 있게 지도해 주세요. 이때 삼각형의 크기가 너무 작으면 확인이 쉽지 않다는 점에도 유의해 주시고요.

　　상황이 허락된다면 지구본 위에도 삼각형을 그려 보세요. 또 그 삼각형이 양의 곡률을 나타낸다는 점도 확인해 보세요. 만약 값비싼 지구본 위에 낙서를 남기기 싫다면 고무줄이나 손가락을 갖다 대는 방법만으로도 충분히 실험이 가능합니다!

이리로 재나 저리로 재나 똑같이 '뚱뚱한' 도형

필요 인원	마술사 1명
필요한 능력	각도 재기, 컴퍼스 다루기, 초등기하학에 관한 기본적 이해 능력
준비물	칠판 또는 도화지 1장, 분필 또는 매직펜 1자루, 삼각자 2개(되도록 큰 것), 컴퍼스 1개(되도록 큰 것)

금요일 오후 2시예요. 여남은 명 되는 아이들이 수학 선생님인 탄넨비펠 씨와 만나 클럽 활동을 하는 시간이죠. 이 클럽은 매주 한 명씩 돌아가며 자신이 발견한 특별한 수학적 원칙이나 현상을 소개하는 모임이에요. 오늘은 필리포의 차례예요. 필리포는 8b반에 속한 깡마른 친구랍니다. 선생님이 시작해도 좋다는 신호를 보내자 필리포는 친구들을 향해 눈을 찡긋하더니 앞으로 나갑니다.

"어디 한번 시작해 볼까요?"

필리포는 자기 책상에 놓여 있던 컴퍼스를 들고 칠판에 커다란 원을 하나 그립니다.

"원의 성질 중 하나는 이리로 재나 저리로 재나 똑같이 '뚱뚱하다'는 거죠. 즉 어떤 방향에서 재든 폭이 똑같은 거예요."

컴퍼스를 옆으로 치우면서 필리포가 장엄하게 선포했어요.

"설마 제 말뜻을 모르는 사람은 없겠지만 확인하는 차원에서 한 번 유심히 살펴보세요."

필리포가 자신이 그린 원 주변에 화살표를 그리면서 말했어요. 또 화살표 방향으로 원둘레에 접한 평행선을 긋기도 했죠. 관객들이 이해할 수 있게 필리포는 설명도 곁들였어요.

"이 화살표가 그려진 방향으로 원둘레에 선을 하나 그을게요. 그리고 거기에 평행하는 선을 하나 더 그을게요. 이 두 선들 사이의 거리는 말하자면 이 원의 두께가 되겠죠? 그 두께는 어느 지점을 출발점으로 삼든 언제나 동일하답니다."

필리포는 몇 개의 원을 더 그린 다음 같은 과정을 반복하며 자신의 말이 옳다는 것을 증명했어요. 여러 방향에서 원에 외접한 평행선들 간의 거리를 재면서 친구들에게 그 거리가 일정하다는 것을 보여주려고 했던 거죠.

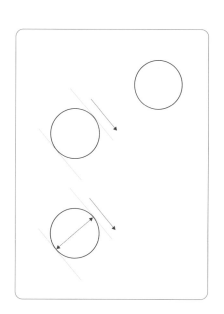

"이 두 평행선 간의 거리도 30cm이고 이쪽 평행선 사이의 거리도 30cm예요, 그렇죠? 그런데 한 가지 비밀이

있어요. 어느 방향에서 재도 똑같은 이 길이가 바로 커다란 원의 지름이라는 거죠!"

"자, 지금까지 제가 한 말이 모두 이해가 되셨나요?"

대부분 학생들이 말없이 고개를 끄덕였어요. 단 한 명만 빼고 말이죠. 하지만 그 친구도 필리포와 질문과 답변을 몇 번 주고받은 뒤에 결국에는 고개를 끄덕끄덕하며 자신도 이해했다는 표시를 했어요.

"이제 여러분께 질문을 한번 던져 볼까요? 여러분! 평면도형, 즉 2차원 도형 중 어느 방향으로든 같은 두께를 지닌 도형이 이외에도 또 있을까요? 갑자기 물어보니 잘 모르겠다고요? 그렇다면 시간을 드릴게요. 지금부터 십 분 동안 친구들과 토론해서 답을 제게 말해 주세요."

필리포의 말이 끝나자마자 클럽 회원들 간에 활발한 토론이 이뤄집니다. 수학 모임 회원들은 수업 시간에 배우는 '시시한' 수학 말고 진짜 수학에 대해 토론할 수 있게 된 걸 정말로 즐기는 것 같았어요.

친구들이 의아해하며 수수께끼를 푸는 동안 필리포는 칠판 뒤쪽으로 가서 자기만의 계산에 열중했어요. 셈이 끝났을 때는 친구들에게 준 십 분이라는 시간이 이미 끝나 갈 때쯤이었죠.

"이제 결과를 확인해 볼까요? 어느 방향에서 재든 폭이 동일한 도형을 발견한 사람은 손을 들어 주세요."

하지만 그 누구도 손을 들지 않았어요.

"흠, 그렇다면 어느 방향에서 재든 폭이 같은 도형은 원밖에 없다는 결론에 도달한 거네요?"

필리포가 입을 꾹 다물고 있는 친구들에게 토론의 결과를 확인해 봅니다.

"안타깝게도 여러분의 결론은 틀렸어요. 여기 있는 분들 외에도 여러 사람에게 이 질문을 던져 봤는데 모두 틀린 답을 제시했죠. 이쯤 되면 여러분도 제가 말하는 조건을 충족시키는 도형이 원 말고 또 뭐가 있는지 궁금하겠죠? 흠, 수리수리마수리 같은두께수리 정폭도형수리!"

주문 외기가 끝나자마자 필리포는 칠판을 힘차게 돌려 친구들에게 뒷면을 보여주었어요. 거기엔 다음과 같은 그림이 있었죠.

"이름에서 이미 알 수 있듯 '정폭도형'이란 어느 방향에서 재든 그 폭이 똑같은 도형을 일컫는답니다. 어떻게 그렇게 될 수 있냐고요? 그건 여러분이 직접 풀어야 할 문제예요. 여러분 스스로 끝까지 답을 찾지 못한다면 오늘 이 모임이 끝날 때쯤 다시 저를 찾아 주세요. 그러면 제가 답을 드릴게요."

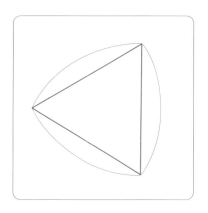

이번에도 친구들은 필리포의 말이 끝나자마자 웅성거리기 시작했어요. 탄넨비펠 선생님은

"필리포야, 준비를 많이 했구나. 정폭도형은 정말로 멋진 도형이란 다!"라고 말씀하셨고요!

탄넨비펠 선생님 말마따나 정폭도형은 정말 멋진 도형이에요. 여러분도 신기하지 않나요? 물론 기하학의 세계에는 정폭도형 외에도 신기하고 멋진 현상들이 훨씬 더 많지만 말이에요! 뿐만 아니라 정폭도형은 원을 잘라낸 단면들, 즉 초등기하학적인 도형들로도 만들어 낼 수 있어요. 정말 신기한 일이죠. 그리고 이때 '초등'이라는 말은 2차원과 3차원이라는 뜻이랍니다.

필리포가 칠판 뒷면에 그린 그림에서 여러분도 정폭도형을 발견했나요? 그렇다면 그림과 같은 정폭도형을 직접 한번 만들어 보는 건 어떨까요?

이 그림에 나타난 정폭도형은 정삼각형을 이용해서 만들어 낸 거예요. 정삼각형이란 여러분이 이미 잘 알고 있듯 세 변의 길이가 같은 삼각형이죠.

정삼각형의 내각의 크기는 60도로 모두 동일해요. 그 각들의 모퉁이에서 출발해서 원의 일부를 그려 보세요. 이때 각 빗변의 길이가 원의 반지름이 되는 거예요. 빗변의 길이를 반지름으로 해서 원을 그린 다음 원둘레 중 빗변의 양끝과 맞닿는 부분만 잘라서 쓴다고 생각하면 돼요. 그림에서처럼 말이죠. 이렇게 하면 주어진 정삼각형으로 정폭도형을 만들어 낼 수 있답니다!

그런데 정폭도형은 어떤 방향에서 재건 그 폭이 일정할까요? 답은 '예'랍니다. 그 말만 듣고 그냥 넘어갈 순 없죠? 이제부터 그 말이 사실인지 아닌지 직접 확인해 봐야겠죠? 만약 초등기하학에 대해 잘 모른다면 다음 설명을 단번에 이해하기 힘들지도 몰라요. 하지만 너무 걱정하지는 마세요. 조금만 생각해 보면 분명 이해할 수 있을 테니까요. 또 직접 작도를 하고 폭을 재어 보면 훨씬 더 빨리 이해가 될 거예요.

자, 이제 정폭도형이 실제로 모든 방향에서 폭이 같다는 것을 증명해 볼까요? 증명 방법은 그리 어렵지 않아요. 우선 삼각형의 내각 중 한 개의 각에 맞닿게 직선을 긋고 거기에 평행하는 직선을 하나 그려요. 그런 다음 위의 과정을 다시 한 번 반복해 보세요. 그리고 둘 사이의 거리를 재어 보면 폭이 똑같다는 것을 알 수 있을 거예요. 다음 그림에서와 마찬가지로 말이죠.

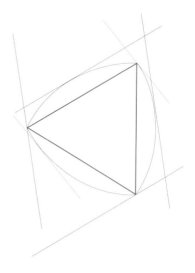

여기까지만 증명되면 정폭도형의 폭이 어느 방향에

서 재든 원의 반지름이라는 사실과 원의 반지름이 곧 삼각형의 한 변의 길이라는 사실을 알 수 있어요. 나아가 정폭도형이 어느 방향에서 재든 너비가 일정하다는 것도 알 수 있어요.

그런데 아직 해결되지 않은 의문이 있어요. 한 쌍의 평행선을 그을 때 왜 두 직선 중 하나는 삼각형의 내각 중 하나와 맞닿아 있어야 하는 걸까요?

우선 아래의 원그래프를 한번 보세요. 그중 하늘색으로 표시된 부분에서는 위쪽의 선이 위쪽의 각과 맞닿아 있고, 진한 파랑색 부분에서는 왼쪽 선이 왼쪽 각과 맞닿아 있고, 보라색 부분에서는 오른쪽 선이 오른쪽 각과 맞닿아 있어요.

그래프에서 하늘색이나 보라색으로 표시된 부분의 각은 각기 60도예요. 그리고 색칠이 된 부분은 각기 마주보는 흰 부분과 정확히 대칭을 이루죠. 즉 반대편에 있는 선이 삼각형의 내각 중 하나와 맞닿아 있다는 뜻이고, 이로써 증명은 완성되었어요.

참, 정폭도형이 반드시 평면이어야 한다는 법은 없어요. 입체로 된

정폭도형도 존재하거든요. 삼면이 동일한 피라미드를 이용해 위와 같은 방식으로 어느 방향에서 재든 폭이 같은 입체 도형도 만들 수 있어요. 단, 2차원 도형을 작도할 때에는 원을 이용했지만 3차원 도형을 만들 때에는 원이 아닌 구를 이용해야 하겠죠? 그렇게 해서 완성된 3차원 정폭도형을 두 개의 나무판 사이에 넣고 굴리면 번갈아가며 양쪽 판을 건드리며 굴러간답니다. 물론 공처럼 매끄럽게 굴러가진 않아요. 뒤뚱뒤뚱 양쪽 판을 통통 치면서 굴러갈 수밖에 없으니까요!

'정폭도형'이라는 용어뿐 아니라 도형의 모양도 아이들에게는 생소할 것입니다. 또한 정폭도형을 이해하는 데에는 평행, 거리, 평면도형, 원 등에 관한 기본적인 개념도 요구됩니다.

아이가 어려워 할 경우 새로운 모양의 도형에 익숙해지는 데 중점을 두세요. 그리고 마술 공연에 앞서 정폭도형을 여러 번 만들어 보도록 유도해 주세요. 또 실력이 허락한다면 아이와 함께 입체 정폭도형도 만들어 보세요.

제 5 장

게임 마술

내 사전에 패배란 없다!

필요 인원	마술사 1명, 조수 1명
필요한 능력	한 자릿수 계산 능력(뺄셈 혹은 덧셈 능력)
준비물	동전 37개(초콜릿이나 캔디, 장난감 동전, 성냥개비 등도 가능), 탁자 1개, 마법사 모자 또는 깊은 그릇 1개, 마술봉 1개

노란색의 짧은 원피스를 입은 소녀가 무대 위로 등장해 알록달록 예쁜 덮개를 씌워 둔 탁자 앞으로 걸어갑니다. 머리에는 뾰족한 마법사 모자를 쓰고 있어요.

"게임 마니아 여러분, 안녕하세요. 저는 헬렌이라고 해요. 오늘 저는 여러분과 아주 특별한 게임을 해 보려고 해요. 저와 실력을 겨루어 보실 분 없나요?"

열다섯 살쯤 되어 보이는 소년 하나가 자리에서 일어나 앞으로 나갔어요. 헬렌은 소년에게 인사를 건넨 뒤 탁자 위에 동전을 우르르 쏟아 냈어요. 언뜻 봐도 꽤 많은 동전들이었죠. 소년은 무언가를 놓칠세라 두 눈을 부릅뜨고 헬렌의 일거수일투족을 지켜봤어요. 헬렌은 탁자 위에 놓인 동전들을 유심히 둘러보더니 만족스럽게 고개를 끄덕였어요.

"자, 지금부터 관객분과 제가 게임을 할 거예요. 게임 방법은 간단해요. 두 사람이 번갈아가며 탁자 위의 동전을 집어서 제 조수 요나스에게 주는 거예요. 단, 차례가 올 때마다 한 개 이상 다섯 개 이하의 동전을 집어야 해요."

그때 금발 소년 하나가 커튼을 가르며 씩씩하게 등장했어요.

"여러분, 제 조수 요나스입니다. 박수로 환영해 주세요!"

헬렌이 요나스에게 마법사 모자를 건네며 말했어요.

"저와 관객분이 집은 동전을 이 모자에 담을 거예요. 요나스, 잘 보관해 줄 거지?"

요나스는 고개를 끄덕이며 모자를 받아들고 무대 중앙에서 한 걸음 옆으로 비켜섰어요. 그와 동시에 동전 한 개를 호주머니에 슬쩍 감췄지만 마술사인 헬렌조차도 그 사실을 알아차리지 못한 것 같았어요.

"이 게임은 탁자 위의 동전을 마지막으로 집는 사람, 즉 남은 동전이 없게 만드는 사람이 승자가 되는 게임이에요. 어떻게 하는지 아시겠죠?"

소년이 고개를 끄덕이자 헬렌은 탁자 앞으로 다가가 우아한 동작으로 마술봉을 치켜들고 뜻 모를 선들을 허공에 그리며 주문을 외웠어요.

"수리수리마수리 마지막동전은내차지수리! 마법의 힘이여, 내게 능력을 주소서!"

주문을 다 왼 헬렌은 소년에게 친절하게 제안했어요.

"관객분께서 먼저 시작하시죠."

소년은 동전 두 개를 집어 든 뒤 관객들이 잘 볼 수 있게 동전을 하나씩 하나씩 천천히 요나스가 들고 있는 모자에 떨어뜨렸어요. 다음으로 헬렌도 동전 몇 개를 움켜쥐고 한 개씩 모자 안으로 던져 넣었어요. 그렇게 두 사람은 번갈아 가며 동전 몇 개씩을 모자에 집어넣었죠.

그렇게 몇 번 주고받다 보니 어느새 탁자 위에 남은 동전의 개수가 눈에 띄게 줄었어요. 그 순간, 소년이 두 눈을 휘둥그레 뜨며 소리쳤어요.

"이럴 수가! 제가 졌군요."

헬렌은 빙긋이 웃으며 남은 동전들을 쓸어 담았죠. 객석에서는 박수가 쏟아졌고요. 그런데 그때 소년이 갑작스런 제안을 했어요.

"한 번만 더 해요! 만회할 수 있는 기회를 한 번은 주셔야죠!"

관객들은 헬렌과 요나스의 반응이 궁금했어요. 두 사람이 약간 당황하는 것처럼 보였거든요. 하지만 헬렌은 결국 소년에게 다시 한 번 기회를 주겠다고 말했어요.

"좋아요. 대신 이번에는 제가 먼저 시작할게요. 그리고 이번에는 한 번에 최대 다섯 개가 아니라 여섯 개까지 집을 수 있어요. 어때요, 제시한 조건에 동의하나요?"

소년이 고개를 끄덕였어요. 그러자 헬렌이 요나스에게 눈짓으로 신호를 보냈고, 요나스는 모자 안의 동전을 탁자 위에 좌르륵 쏟은 뒤 동전을 넓게 흩어 놓았어요. 헬렌은 다시금 마술봉을 치켜들고 주문을 외웠어요.

"수리수리마수리 마지막동전은내차지수리!"

말을 마친 헬렌은 동전 한 개를 집어 들고 관객들에게 보여 준 뒤 요나스에게 건넸어요. 뒤이어 소년도 동전 몇 개를 집었고 다음으로 헬렌 차례가 되었죠. 두 사람은 그렇게 번갈아 가며 동전을 마법사 모자에 집어넣었어요.

그렇게 몇 번이나 했을까……, 이번에도 승리는 헬렌의 몫이었어요. 관객들은 조금 전보다 더 큰 박수로 화답했죠. 헬렌은 우아한 동작으로 손을 뻗어 소년을 가리켰어요. 기꺼이 게임 상대가 되어 준 소년에게도 박수를 보내 달라는 뜻이었죠.

소년이 무대 아래로 내려가는 것을 확인한 뒤 헬렌과 요나스는 서로 미소를 교환하며 퇴장했어요.

헬렌과 요나스는 어떤 속임수를 쓴 걸까요? 만약 게임을 몇 번 더 했더라도 헬렌이 늘 이겼을까요? 게임 상대를 자청한 그 소년이 져 주기로 미리 헬렌과 합의한 건 아니었을까요? 만약 동전의 개수가 훨씬 더 적었다면 어땠을까요?

동전이 여섯 개였다고 가정해 보세요. 소년이 먼저 두 개를 집었다고 쳐요. 그러면 헬렌은 최대 다섯 개까지 집을 수 있으니 남은 동전 모두를 집으면 게임에서 이기는 거예요. 만약 소년이 한 개를 집었다 하더라도 남은 동전 모두를 집으면 되고, 세 개를 집었다 하더라도 남은 세 개를 모두 집으면 게임의 승자는 헬렌이 되는 거예요. 다시 말해 동전이 여섯 개였다면 헬렌은 늘 승자가 되는 거예요. 친절한 척하면서 소년에게 먼저 시작하라고 권했던 게 속임수라면 속임수였던 거죠.

만약 동전이 여섯 개가 아니라 일곱 개라면 소년(먼저 시작하는 사람)이 승자가 될 수도 있어요. 맨 처음에 한 개의 동전만 집는다면 말이죠. 그다음에는 헬렌이 몇 개의 동전을 집든 간에 소년이 이기게 되어 있어요. 왜 그렇게 되는지는 말 안 해도 아시겠죠? 맨 처음에 동전이 여덟 개였다 하더라도 먼저 시작하는 사람이 유리해요. 아홉 개나 열 개, 열한 개라도 마찬가지예요.

하지만 열두 개가 되면 먼저 시작하는 사람이 다시 불리해져요. 게임에 이길 확률이 매우 낮아지는 거죠. 소년이 1부터 5까지의 숫자 중 얼마를 선택하든 헬렌은 6에서 그 수를 뺀 만큼의 동전을 집을 테니까 말예요. 그러고 나면 탁자 위에 다시 동전이 여섯 개가 남고, 동전이 여섯 개일 때에는 나중에 동전을 집는 사람이 훨씬 더 유리하다고 했잖아요. 즉 먼저 시작한 소년보다는 헬렌이 이길 확률이 높아지는 거예요.

자, 이제 정리를 한번 해 볼까요? 이 게임에서 헬렌이 이기느냐 지느냐는 동전의 개수에 달려 있어요. 맨 처음에 탁자 위에 동전이 몇 개가 놓여 있느냐에 따라 헬렌이 이길 수 있느냐 마느냐가 결정되는 거죠.

게임을 시작할 때 동전의 개수가 6으로 나누어떨어지는 숫자라면 소년은 게임에 진 거나 다름없어요. 소년이 처음에 몇 개를 집든 헬렌이 6에서 그 숫자만큼 뺀 개수를 집을 테니까 말예요. 하지만 맨 처음 동전의 개수가 6으로 나누어떨어지지 않는 숫자라면 소년이 이길 확률이 매우 높아진답니다.

그런데 왜 이 게임에서 하고 많은 숫자 중에 6이라는 숫자가 마법의 수가 된 걸까요? 그 비밀은 간단해요. 6은 5보다 1만큼 더 큰 수예요. 즉 게임에 참가한 두 사람이 최대한 집을 수 있는 동전의 개수보다 하나가 더 많은 것이죠.

두 번째 게임에서는 어땠나요? 헬렌은 자기가 먼저 시작하고 최대 여섯 개까지 동전을 집을 수 있다는 규칙을 만들었죠? 그 게임에서 마법의 수는 6보다 1만큼 큰 수, 즉 7이에요. 마법의 수가 7일 때 게임에서 이기려면 전체 동전의 개수가 7로 나누어떨어지는 수라야 하고, 상대방이 먼저 시작하게 만들어야 한답니다!

그런데 첫 번째 게임에서 요나스가 수상한 행동을 했던 것 기억나시나요? 요나스는 왜 헬렌도 모르게 동전 하나를 주머니 속에 감췄던 걸까요? 그 이유는 다음과 같습니다. 맨 처음 탁자 위에는 동전 37개가 놓여 있었어요. 요나스가 그중 1개를 '훔친' 덕분에 탁자 위에는 36개만 남게 된 거죠. 이제 소년(관객)이 먼저 시작하게 만들기만 하면 헬렌의 승리는 불을 보듯 뻔해졌어요. 하지만 관객들은 반대로 생각했을 거예요. 요나스가 마술사인 헬렌도 모르게 슬쩍 동전을 감추었으니 어쩌면 헬렌이 게임에서 질 수도 있다고 착각한 거죠.

두 번째 게임에서는 탁자 위에 놓인 동전이 36개였어요. 헬렌은 자신이 먼저 동전을 집겠다고 말한 뒤 그중 1개를 집었죠. 그 결과, 탁자 위에는 35개가 남게 되었고, 35는 7로 나누어떨어지는 수예요. 그 상황에서 차례는 소년에게 넘어갔으니, 이번에도 승리는 헬렌의 차지가 되는 게 당연하겠죠?

두 번째 게임에서 헬렌은 요나스의 주머니에 든 동전을 꺼냈다가는 들킬 위험이 너무 크다는 걸 알았어요. 그렇기 때문에 게임의 조건을 바꾼 거예요. 어때요, 여러분도 헬렌의 영리함에 박수를 보내고 싶지 않나요?

수학에는 '게임이론'이라 불리는 분야가 있어요. 게임이론은 쉽게 말해 주어진 조건 아래 어떻게 하면 나 아닌 다른 참가자가 이길 수 있는 기회를 최소화할 수 있는지를 연구하는 학문이에요. 게임이론은 특히 사회적 갈등 상황이나 경제적 경쟁 상황에서 경쟁자의 반응을 분석하고 자신의 이익을 극대화시킬 수 있는 전략을 개발할 때 자주 활용된답니다.

게임 중에는 "먼저 시작하는 사람이 최적으로 행동할 경우, 승자가 될 확률은 70%이다"와 같이 수치로 결과를 예측할 수 있는 게임도 있고, 헬렌의 마술에서처럼 결과를 보다 정확하게 예측할 수 있는 게임도 있어요. 즉 두 사람이 N개의 동전을 두고 1부터 k까지의 동전을 번갈아 가며 가져갈 경우, N이 $k+1$로 나누어떨어지지만 않는다면 먼저 시작하는 사람이 이길 확률이 100퍼센트라는 거죠(단, 먼저 시작하는 사람이 영리하게 행동해야 함).

반대로 N이 $k+1$로 나누어떨어진다면, 그리고 나중에 시작하는 사람이 영리하게 게임에 임하기만 한다면 나중에 시작하는 사람이 백전백승으로 이기게 된답니다!

동전 대신 성냥개비를 이용해도 좋습니다. 단, 어떤 도구를 활용하든 게임을 시작하기에 앞서 두 사람이 가져갈 수 있는 동전 혹은 성냥개비의 최대 개수를 몇으로 할지부터 정해야 합니다. 이 마술에서 선택한 5나 6도 셈하기에 그다지 어렵지 않지만, 원한다면 그보다 더 작은 숫자를 선택해도 좋습니다(단, 3 이상의 수이어야 함).

다음으로 맨 처음 탁자 위에 몇 개의 동전을 놓을 것인지 결정해야 합니다. '마법의 수'의 배수를 선택하는 것이 가장 쉽겠지만, 앞에서도 보았듯 반드시 나누어떨어져야 하는 것은 아닙니다. 그중 몇 개를 관객들 모르게 감추어도 되고, 아니면 마술사가 먼저 시작하는 방법도 있으니까요.

맨 처음 동전의 개수, 한 번에 집을 수 있는 최대 개수 등을 달리하면서 아이가 게임에 익숙해질 수 있게 충분히 연습하는 시간을 가지세요.

★ 100을 외치는 사람이 승자! ★

필요 인원 마술사 1명, 조수 1명

필요한 능력 한두 자릿수 계산 능력(뺄셈 혹은 덧셈 능력),
간단한 수열을 이해하는 능력

준비물 칠판 또는 커다란 도화지 1장, 분필이나 매직
펜 1자루, 마술봉 1개

무대 위 조명이 밝아 오자 뒤쪽에 걸린 커다란 칠판이 눈에 들어옵니다. 곧이어 스피커에서 웅장한 행진곡이 흘러나오고 어린 소년 하나가 씩씩한 걸음걸이로 칠판 앞으로 걸어옵니다.

"게임 마니아 여러분, 안녕하세요. 저는 레온하르트라고 해요. 오늘 저는 여러분 중 제일 용감한 분과 게임을 하려고 해요. 자, 자신이 이중에서 가장 용감하다고 생각하시는 분은 어서 무대로 나와 주세요!"

레온하르트의 또래인 듯한 소녀 하나가 당당한 걸음걸이로 앞으로 나옵니다.

"이름이 어떻게 되시나요?"

레온하르트가 물었어요. 소녀는 자신을 '마리'라고 소개했어요.

"좋아요, 마리 씨. 2부터 10까지 수 중 좋아하는 숫자 하나를 골라 칠판 위쪽에 적어 주세요. 아, 잠깐만요. 먼저 마법부터 걸어야겠어요."

레온하르트는 마리의 머리 위에서 마술봉을 흔들며 주문을 외웠어요.

"수리수리마수리 숫자백의마법수리!"

레온하르트는 조금 당황한 마리를 보며 이렇게 덧붙였어요.

"이렇게 마법을 걸어야 제가 이길 수 있답니다. 명색이 마술사인데 제가 이겨야 하지 않겠어요? 관객들 앞에서 망신을 당하면 안 되니까요!"

말을 마친 레온하르트가 칠판을 가리키며 손짓하자 마리는 거기에다 '7'이라고 커다랗게 적었어요. 7은 마리가 가장 좋아하는 숫자거든요.

"이제 우리 두 사람이 번갈아가며 1부터 10까지의 숫자 중 자신이 좋아하는 숫자를 더해 나갈 거예요. 출발하는 숫자는 7이고요. 그렇게 해서 마지막에 100을 부르는 사람이 게임에 이기는 거예요. 게임 방법이 어떻게 되는지 아시겠죠?"

레온하르트의 설명에 마리뿐 아니라 모든 관객이 귀를 쫑긋 세웠어요.

"자, 마리 씨께서 이미 7을 불렀으니 다음은 제 차례군요. 저는 5를 선택하겠어요."

레온하르트는 칠판에 '7+5＝12'라고 적었어요. 뒤이어 마리는 3을 선택했고(12+3＝15) 레온하르트는 8을(15+8＝23) 선택했어요. 그렇게 두 사람은 계속 덧셈을 해 나갔어요.

두 사람이 계산을 주고받는 사이에 어느새 숫자가 78까지 불어났어요. 마리는 다시금 자신이 가장 좋아하는 숫자 7을 골랐고 (78+7＝85) 레온하르트는 4를 골랐어요(85+4＝89). 다음으로 마리는 3을 골랐어요(89+3＝92). 그런데…… 레온하르트가 8을 외치며 100에 도달했어요!

가엾은 마리는 자신이 제일 좋아하는 숫자, 즉 행운의 숫자 7을 두 번이나 썼지만 게임에 지고 말았어요. 본디 패자는 말이 없는 법! 마리는 레온하르트가 박수갈채에 휩싸이는 모습을 잠자코 지켜보기만 했어요. 사실 패배를 아쉬워 할 만큼의 시간적 여유도 없었어요. 바로 다음은 마리의 무대였으니까 말예요.

여러분은 레온하르트가 그저 운이 좋았다고 생각하세요? 아니면 어떤 전략을 활용했던 걸까요? 이제 여러분도 이 책에 나오는 여러 마술사들이 행운만으로 마술을 부리지는 않는다는 사실을 눈치챘겠죠? 그래요, 레온하르트도 '수학 마술'을 활용한 것이었어요.

이 게임에서 레온하르트가 기억해야 할 숫자들은 몇 개 되지 않았어요.

자신이 먼저 시작을 했을 경우라면 숫자 1을 기억해야 했을 테고, 그게 아니라면 12, 23, 34, 45, 56, 67, 78, 89 그리고 100에만 주의하면 됐어요. 기억하기에 그리 어려운 숫자도 아니죠. 그 숫자들 사이의 차이는 늘 11로 일정하니까요. 게다가 모든 숫자들이 앞의 숫자와 맞물려 있으니 (12, 23, 34, …) 기억하지 못할 이유가 전혀 없겠죠?

그런데 왜 이 게임에서 11이 열쇠가 되는 걸까요? 그건 바로 게임 참가자가 선택할 수 있는 숫자 중 가장 큰 수가 10이기 때문이에요. 즉 최대수인 10에다 1을 더한 수가 11이기 때문이죠. 여러분, 게임 내용을 다시 한번 자세히 살펴보세요. 레온하르트는 처음을 제외하고 늘 11에서 마리가 고른 수를 뺀 수를 선택했어요. 바꿔 말하면 레온하르트는 마리가 선택한 수에 얼마를 더하면 11이 되는지를 생각한 뒤 바로 그 수를 선택한 거죠. 그러다 보면 결국 숫자 100은 레온하르트의 차지가 되게 되어 있답니다!

이제 이 게임 뒤에 숨은 가장 큰 비밀을 알려 드릴게요. 만약 레온하르트가 맨 처음 마리에게 2부터 10까지의 숫자가 아니라 1부터 10까지의 숫자 중 제일 좋아하는 숫자를 고르라고 했다면, 그리고 만약 마리가 1을 골랐다면 어땠을까요? 그랬다면 마리가 이길 확률이 확연히 높아지겠죠? 즉 이 게임에서 유리한 고지를 차지하고 싶다면, 다시 말해 마술의 성공 확률을 높이고 싶다면 마술사 자신이 먼저 숫자를 부르거나 상대방이 맨 처음 고를 수 있는 숫자를 2에서 10까지로 제한해야 한답니다. 명심하세요. 상대방에게 먼저 시작할 기회와 1을 선택할 수 있는 기회 둘 다를 제공하면 마술이 실패로 돌아갈 확률이 높아진다는 걸 말예요!

이 게임 역시 여러 가지로 응용할 수 있어요. 원리는 앞서 나온 '내 사전에 패배란 없다!' 마술과 동일합니다. 앞선 장에서 동전을 이용해 설명했던 내용을 이 마술에도 그대로 적용할 수 있답니다.

제 6 장

매듭과
띠 마술

자유의 몸이 되어 보아요!

필요 인원	마술사 1명
필요한 능력	사고력
준비물	약 50cm 길이의 노끈 2개, 마술봉 1개

어서 풀어 줘!

화창한 일요일 오후예요. 슈발베 가족은 리더 가족과 함께 가까운 공원에 소풍을 왔어요. 방금 식사를 마쳤는지, 풀밭 위에 깐 매트가 빈 캔과 빈 병 그리고 빈 접시로 뒤덮여 있네요.

모두 부른 배를 두드리며 지루한 시간을 보내고 있어요. 슈발베 씨네 막내딸 바베트도 곱게 땋은 머리칼을 만지작거리며 주위만 둘러보고 있었어요. 한동안 자르지 않고 기른 머리는 허리께까지 왔어요. 그런데 그때 바베트에게 좋은 생각이 떠올랐어요!

"엄마, 마술에 쓸 만한 노끈 같은 거 있어요?"

바베트가 다급한 목소리로 슈발베 부인에게 물었어요.

"글쎄다, 찾아보면 있지 않을까?"

슈발베 부인이 나른한 목소리로 대답했어요. 맛난 식사와 와인 덕분에 졸음이 쏟아지나 봐요.

"소풍 바구니 아래쪽을 한번 뒤져 보렴."

바베트는 덮개를 열고 텅 비다시피 한 바구니 안쪽을 마구 뒤졌고, 결국 파란색 노끈 두 개와 막대기 하나를 찾아냈답니다.

"됐어요! 마술에 필요한 끈과 마술봉을 찾았어요! 이제 멋진 마술을 보여 드릴게요. 아, 그런데 도우미 한 명이 필요해요."

그러자 리더 씨네 아들 카이가 기다렸다는 듯 벌떡 일어섰어요. 카이는 바베트와 동갑이었어요. 둘 다 아홉 살인데다가 심지어 같은 학교, 같은 반 친구랍니다! 바베트는 급우인 카이에게 앞으로 일어날 일에 대해 설명했어요. 물론 나머지 가족들이 모두 들을 수 있을 정도의 큰 소리로 말예요.

"카이, 이제 이 끈으로 너와 나를 묶을 거야."

말을 마친 바베트가 우선 카이의 양손을 끈 하나로 묶었어요. 그리고는 양손에 매듭을 짓고 고리를 만들었죠. 매듭을 묶는 동안 바베트는 카이에게 다음 '지령'을 내렸어요.

"이제 네가 이 끈으로 내 손을 묶어. 단, 네 손을 묶은 끈과 내 손을 묶는 끈이 한 번은 서로 만나야 해, 알았지? 흠, 다 된 거니? 그럼 이제 무리하게 힘을 쓰지 말고 이 끈들을 풀어 봐! 할 수 있으면 나한테서 어디 한 번 벗어나 보라고!"

바베트의 말을 들은 카이는 도전 정신을 십분 발휘했어요. 심지어 힘을 쓰면 안 된다는 지시를 무시하고 노끈을 발로 밟기까지 했죠. 하지만 그 모든 노력에도 불구하고 서로 엮인 두 개의 노끈은 풀리지 않았어요.

나머지 가족들도 모두 나서 풀어 보려 했지만 모든 노력이 물거품으로 돌아가고 말았어요. 바베트의 손을 이리 돌리고 저리 돌려도, 카이의 몸을 이리저리 돌려도 두 개의 끈은 여전히 엮여 있었어요. 가족 모두가 한 번씩 시도를 하고 한 번씩 실패를 하는 것을 지켜보던 바베트가 드디어 마술봉으로 노끈 하나를 두드리며 주문을 외웠어요.

"수리수리마수리, 불가능의 끈이여, 내게 힘을 다오!"

그런데 이게 무슨 일일까요? 바베트가 자신의 왼손에 묶여 있던 끈을 조금 움직이자 엮여 있던 노끈들이 마법처럼 스르르 풀리는 게 아니겠어요? 카이는 자기가 못한 일을 바베트가 해냈다는 게 못내 분한지 "음, 이럴 수가……"라며 아쉬워했어요. 그러자 바베트가 그 말을 이어받아 "정말 대단하지?"라며 친구를 놀렸어요.

바베트의 아빠 슈발베 씨도 고개를 끄덕이며 딸의 실력을 인정했어요. 사실 슈발베 씨도 어린 시절 마술에 푹 빠져 있었죠. 슈발베 씨는 막내딸의 마술을 보며 막내딸이 자신을 쏙 빼닮았다고 생각했어요. 바베트는 우쭐해 하며 노끈과 막대기를 다시 바구니 안에 챙겨 넣었어요. 그리고 이번에는 바구니 안에서 부메랑을 꺼내 들더니 카이와 다른 아이들을 향해 이렇게 말했어요.

"나랑 같이 부메랑 놀이 할 사람 없어?"

물론 아이들은 용수철이 팅기듯 순식간에 자리에서 일어나 바베트의 뒤를 쫓았어요.

바베트의 마술 뒤에 숨은 비밀이 뭐냐고요? 물론 지금부터 알려 드릴 거예요. 하지만 설명을 읽기에 앞서 우선 각자 노끈을 가지고 여러 가지 실험을 해 보기를 바라요. 이때 최대한 자유롭고 최대한 기발한 아이디어들을 활용해 보세요. 틀에 박힌 생각에서 최대한 먼 곳까지 가 보세요. 사고력과 창의력을 최대한 활용해 보세요. 사고력과 창의력은 비단 수학뿐 아니라 여러 가지 분야에서 유용한 도구가 되어 주죠. 특히 답을 알 수 없는 수수께끼나 문제를 대할 때는 더욱 그렇고 말예요.

혼자서 충분히 실험해 봤나요? 그렇다면 이제 같이 생각해 볼까요?

처음에 두 개의 끈이 있었어요. 각각의 끈이 바베트와 카이의 손을 묶고 있었고, 그 두 끈은 서로 꼬여 있었어요. 바베트는 어떤 방법으로 꼬인 끈을 풀었을까요?

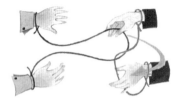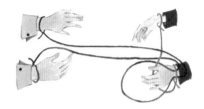

바베트는 카이의 손에 묶인 노끈을 자신의 손목을 따라 미끄러뜨린 뒤 자신의 손목에 묶인 노끈을 통과하게 만들었어요. 그것도 안에서 밖으로 말이죠. 그리고 이때 바베트가 미끄러뜨려 통과시킨 손은 카이의 노끈 위에 놓여 있는 쪽 손이었어요. 잘 이해가 안 된다면 다음 그림을 유심히 살펴보세요.

마술 속 수학의 원리

수학에는 '위상수학'(위상기하학이라고도 부름)이라는 분야가 있어요. 위상수학에서 매듭은 '뫼비우스의 띠*'와 더불어 매우 중요한 위치를 차지해요. 얼마나 중요하냐고요? '매듭이론'이라는 독립된 분야가 탄생될 정도로 중요하죠.

매듭이론에서는 꼬인 매듭을 자르거나 찢지 않고 풀 수 있는지, 두 개처럼 보이는 매듭이 '원칙적으로는' 한 개의 매듭인지 아닌지, 매듭의 개수가 몇 개인지 등을 연구한답니다.

---

* 다음에 이어지는 '뫼비우스의 띠' 부분을 참고해 주세요.

Talk Talk 수학 팁

아이가 실수 없이 매듭을 풀 수 있을 때까지 충분히 연습해 주세요. 한번 몸에 익고 나면 언제 어디에서든 손쉽게 할 수 있다는 장점도 있으니 시간을 투자할 만한 가치는 있을 겁니다.

미리 느슨하게 묶어 둔 노끈을 이용해 양손을 묶을 수도 있습니다. 단 매듭이 너무 단단하게 묶어지지 않게 주의해야 해요. 그래야 끈들이 서로 미끄럽게 통과할 수 있으니까요.

뫼비우스의 띠

필요 인원	마술사 1명
필요한 능력	없음
준비물	여러 색상의 종이 띠(A4 용지 길이에 폭은 3cm 정도), 딱풀 1개, 가위 1개, 마술봉 1개

빨간 머리 마술사 소년 하나가 무대에 등장했어요.

"존경하는 친구 여러분과 어르신, 이 자리에 오신 것을 진심으로 환영합니다."

짧은 박수를 사이에 두고 소년이 말을 이어 갑니다.

"오늘 제가 여러분께 한 번 보면 영원히 잊을 수 없는 마술을 보여 드릴 거예요. '갈라지지 않는 띠'라고 혹시 들어 보신 분이 있나요? 가운데를 잘라도 두 개로 갈라지지 않는 띠 말예요!"

소년의 말이 끝나자 객석의 관객들은 한동안 웅성거렸어요. 소년은 주머니에서 노란색 종이 띠 하나를 꺼내 높이 들었어요.

"보세요, 이건 그냥 평범한 띠예요. 여기엔 그 어떤 속임수도 담겨 있지 않죠."

소년은 띠를 치켜들고 공중에서 마구 흔들더니 중간 부분을 싹둑 잘랐어요. 가로 방향으로 말이에요. 그러자 고리 한 개는 소년의 손에 매달려 있고 나머지 고리는 바닥에 떨어졌어요. 객석에서는 간간이 웃음소리가 들렸어요.

"거봐요, 평범한 종이에 불과하다니까요!"

반으로 갈라진 노란 띠들을 관객들에게 건네준 뒤 소년은 주머니에서 이번에는 녹색 띠 하나를 꺼내더니 띠의 양 끝에 풀칠을 하고 서로 붙여서 고리 모양을 만들었어요.

"흠, 여러분은 이 녹색 띠도 반으로 자르면 두 동강이 난다고 믿고 있겠죠?"

소년은 가위를 들고 고리의 중간쯤에 자그마한 구멍을 내더니 다시금 고리를 가로로 잘랐어요. 그런데 이번에는 아까와는 달리 아래쪽 고리가 땅으로 떨어지지 않게 손으로 잘 받쳤어요. 결과는…… 실망스러웠어요. 고리 하나가 바닥에 떨어지지만 않았지, 먼젓번과 똑같은 결과가 나왔거든요. 소년의 양손에는 폭이 처음보다 절반으로 줄어든 녹색 고리가 하나씩 들려 있었죠.

관객들은 다시 동요할 수밖에 없었어요. 마술을 보러 왔는데 누구나 할 수 있는 평범한 행동들만 보여 주고 있으니 말예요.

하지만 소년은 관객들이 웅성거리거나 말거나 개의치 않고 주머니에서 빨간 띠 하나를 꺼내더니 이번에도 양 끝에 풀칠을 해서 고리 모양을 만들었어요. 하지만 이번은 조금 전과는 분명 달랐어요.

이상하게 한 번 꼬았거든요. 곧이어 소년은 마술봉을 꺼내 들고 주문을 외웠어요.

"수리수리마수리 위상수학수리!"

소년이 마술봉의 뾰족한 부분으로 요상한 모양의 종이 띠를 건드리는 동안 관객들은 신기한 눈빛으로 무대 쪽만 뚫어져라 쳐다봤어요.

소년은 종이 띠를 허공에서 몇 번 빙그르르 돌리더니 가위를 꺼내 들고 "지원자는 앞으로 나와 주세요!"라고 외쳤어요. 하지만 용기 있게 나서는 사람은 없었죠. 그러자 소년은 열 살쯤 되어 보이는 어린 소녀에게 가위와 빨간 띠를 떠맡기다시피 하며 가로 방향으로 중간을 잘라 달라고 부탁했어요. 소녀는 당황하고 겸연쩍어 하면서도 소년이 시키는 대로 했어요.

싹둑싹둑 소리가 몇 번 들리는가 싶더니 소녀가 바닥을 살펴봤어요. 바닥에 떨어진 조각을 찾으려는 것이었죠. 하지만 바닥에는 아무것도 없었고, 그 광경을 지켜보던 관객들도 숨을 죽였어요.

소녀는 얼떨떨한 표정을 지으며 들고 있던 빨간 띠를 빨간 머리 마술사에게 건네줬어요. 소년은 소녀에게 감사의 표시로 꽃 한 송이를 건네며 원래 자리로 돌아가라고 손짓했어요.

"여러분, 이것으로 끝이 아닙니다."

소년은 개구쟁이 같은 미소를 지으며 가위를 들어 띠 가운데를 찌르더니 가로선을 따라 잘랐어요. 하지만 가위가 완전히 한 바퀴를 돌기 직전 다시금 마술봉을 들어 처음보다 훨씬 길어진 빨간 띠를 두드리며 주문을 외웠어요.

"수리수리마수리 위상수학신비수리!"

마지막으로 싹둑 하는 소리가 들리고 띠가 두 개의 고리로 갈라졌어요. 하지만…… 이게 웬일일까요? 두 개의 고리가 서로 맞물려 있었어요! 관객들은 환호성을 지르며 우레와 같은 박수를 보냈죠. 빨간 머리의 마술사 소년은 몸을 굽혀 인사를 하고 빨간 띠와 노란 띠, 녹색 띠를 모두 주워 담은 뒤 무대 밖으로 물러났어요.

여러분도 아마 이 마술을 구경하던 관객들만큼이나 놀랐겠죠? 그 뒤에 숨은 비밀을 캐고 싶다면 가위와 종이를 들고 직접 실험해 보는 게 가장 빠를 거예요. 먼저 종이로 된 띠를 보통  하던 식으로 풀을 붙여 고리를 만들고, 고리의 폭 가운데 지점에 가위를 대고 자르세요. 정확히 반으로 잘랐다면 폭이 똑같은 좁은 띠 두 개가 나올 거예요. 어때요, 그렇게 됐나요? 그렇다면 이제 다른 종이 띠를 손에 잡고 한쪽 끝을 180도로 휜 다음 양쪽 끝을 붙이세요. 그러면 중간에 한 번

꼬여 있는 고리가 나올 거예요. 그게 바로 '뫼비우스의 띠'라는 거예요.

뫼비우스의 띠에는 다음과 같은 비밀들이 숨어 있어요.

- 뫼비우스의 띠에는 안팎의 구분이 없어요. 한 개의 면밖에 없거든요. 그러니까 어느 지점에서 파랗게 색칠해 나가기 시작하면 결국 전체가 다 새파랗게 될 거예요. 일반적인 띠는 안이나 밖 중 한쪽 면만 파랗게 칠해지겠지만 뫼비우스의 띠는 그렇지 않답니다!

- 뫼비우스의 띠에는 가장자리도 한 개뿐이에요. 어느 지점에 손가락을 대고 가장자리를 죽 따라가다 보면 결국 같은 지점으로 돌아오게 되는 거죠. 믿기지 않는다면 한 손으로 어느 한 지점을 잡은 상태에서 색연필로 가장자리를 따라가 보세요. 연필 끝을 떼지 않고 계속 가다 보면 결국 색연필이 그 지점을 스치게 될 거예요. 만약 뫼비우스의 띠가 아닌 일반 띠라면 이런 현상이 일어나지 않겠죠.

- 뫼비우스의 띠 위에 그린 그림들은 물구나무를 서게 되어 있어요! 투명 필름이나 비닐 등으로 뫼비우스 띠를 만들어 보면 쉽게 확인할 수 있답니다. 이를 확인하기 위해 우선 투명한 띠 위에 인형을 그려 보세요. 이때 띠 한 바퀴를 두를 수 있을 만큼 많은 인형을 그려야 해요. 그런 다음 처음에는 일반적인 띠를 만드세요. 띠를 아무리 돌려도 인형들이 물구나무를 서지는 않죠? 하지만 한쪽 끝을 180도로 돌려 뫼비우스의 띠로 만든다면 결과는 어떻게 될까요? 맞아요, 인형들이 중간에 가다가 물구나무를 선답니다!

뫼비우스의 띠는 1858년 독일의 천문학자이자 수학자인 아우구 스트 페르디난트 뫼비우스가 발견한 거예요. 앞서도 말했듯 수학을 구성하는 다양한 영역 중에는 '위상수학^{topology}'이라는 분야가 있어 요. 그리스어로 '토포스^{topos}'는 '위치, 장소'를 의미하고 '로지스^{logis}' 는 '학문'을 의미하죠.

위상수학이란 어떤 물체의 변형보다는 변화가 일지 않는 부분에 대해 연구하는 학문이라 할 수 있어요. 예를 들어 어떤 도형을 휘거 나 찌그러뜨리면 직선이 곡선이 되기도 하고 면적도 달라지지만 위 상수학은 거기에 대해 관심을 갖지 않아요. 그보다는 변의 개수처럼 변형에도 불구하고 변하지 않는 기본적인 성질에 더 초점을 맞춘답 니다. 뫼비우스의 띠 역시 2차원 도형 중 대표적인 위상수학 곡면이 라 할 수 있답니다.

뫼비우스의 띠는 수학자뿐 아니라 마술사들의 관심도 끌고 있어 요. 뫼비우스의 띠를 이용해 고리를 만들어 내는 마술을 특별히 '아 프간 밴드 마술'이라 부르기도 한답니다. 뫼비우스의 띠에 관심을 가 진 사람들이 수학자와 마술사뿐이었냐고요? 그렇지 않아요! 예술가 들도 뫼비우스의 띠를 사랑한답니다. 그중 대표적인 사람은 네덜란 드 출신의 판화가 모리츠 코르넬리스 에셔$^{1898\sim1972}$일 거예요. 에셔 의 작품 중에는 뫼비우스의 띠를 이용한 것들이 아주 많아요. 뫼비우스의 띠를 이용해 예기치 못한 효과를 표현한 것들이었죠. 에서의 작품 〈폭포〉가 그중 하나예요. 분명 물줄기가 아래로 떨어지는 것 같은데 결국 그 물들이 처음 지점으로 돌아와 다시 흐르거든요.

이 마술은 앞서 설명한 대로만 하면 늘 성공할 수 있는 마술입니다. 단, 사람들 앞에서 마술 공연을 하기에 앞서 종이의 가운데를 실수 없이 자르는 연습 정도는 해 두는 게 좋겠죠?

범위를 좁혀라!

필요 인원	마술사 1명
필요한 능력	1부터 100 정도까지의 숫자를 아는 능력
준비물	마술봉 1개

일곱 살 난 피아는 아주 맹랑한 꼬마 소녀랍니다. 오늘은 금발머리를 양 갈래로 예쁘게 땋았네요. 무대에 서는 날이기에 아무래도 몸단장에 신경을 좀 썼겠죠? 피아가 무대 위로 등장하며 관객들에게 인사를 합니다.

"안녕하세요, 저는 피아라고 해요. 오늘 제가 보여 드릴 마술에는 도우미가 한 분 필요하답니다. 지원하실 분 없나요?"

그러자 어린 소년 하나가 손을 듭니다. 피아는 소년에게 무대 위로 올라오라고 손짓합니다.

"지원해 주셔서 고마워요. 이름이 뭐예요?"

"존이에요."

존이 대답을 하자마자 피아는 마술을 시작합니다.

"1부터 64까지의 숫자 중에 제일 좋아하는 숫자 하나를 선택한 뒤 잘 기억해 두세요."

존은 잠시 생각에 잠기더니 금세 밝은 표정으로 이렇게 말했어요.

"결정했어요!"

그러자 피아는 다음 단계로 넘어갑니다.

"좋아요. 이제 제가 '예/아니요' 질문 몇 개를 던져서 그 숫자를 알아맞힐 거예요. 그 숫자를 맞히기까지 제가 질문을 몇 개나 던져야 할까요?"

그러자 존은 방긋 웃으면서 대답합니다.

"운이 따르지 않는다면 63개가 될 수도 있겠죠?"

피아도 미소를 지으며 대답합니다.

"과연 그럴까요? 제 생각엔 6번이면 충분할 것 같은데요?"

곧이어 피아는 다시 심각한 표정을 지으며 마술봉을 치켜들고 주문을 외웠어요.

"수리수리마수리 숫자수리마수리! 마법의 힘이여, 존이 생각한 숫자까지 가는 길을 평탄케 하라!"

주문을 다 외고 나자 피아가 질문을 시작했습니다.

"생각하신 숫자가 32보다 큰가요?"

"아니요."

"그렇다면 두 번째 질문으로 넘어가죠. 생각하신 숫자가 16보다 작나요?"

"이번에도 대답은 '아니요'예요."

"그렇다면 그 수가 24보다 큰가요?"

"아니요."

"그 수가 20보다 작나요?"

"아니요."

"그 수가 22보다 큰가요?"

"예."

"그렇다면 이제 마지막 질문입니다. 그 숫자가 24인가요?"

"아니요."

"그럼 처음에 생각한 숫자는 바로 23이 에요!"

"맞아요."

그러자 객석에서 박수가 쏟아졌어요.

여러분도 아셨겠지만, 피아는 존이 생각한 숫자를 알아맞히기 위해 전체 64개의 숫자들의 범위를 좁혀 나갔어요. 피아가 활용한 방법을 수학에서는 '구간축소법'이라 부른답니다. 피아는 1부터 64까지의 구간에서 한 개의 숫자를 찾아내야 했고, 첫 번째 질문을 던짐으로써 64개라는 한 개의 구간을 32개짜리 구간 두 개로 분할한 동시에 존이 생각한 숫자가 두 구간 중 어느 쪽에 포함되는지도 알아냈어요. 이제 남은 건 32개의 숫자 뿐이고, 피아는 같은 방식으로 구간을 축소해 나갔어요.

피아는 1부터 64까지의 구간을 여섯 번 연속적으로 줄여 나갔고(이때, 수학자라면 '연속적으로'라는 말 대신 '재귀적으로'라는 표현을 썼을 거예요), 그때마다 구간은 절반으로 축소되었어요. 64가 2의 거듭제곱이기 때문에 그런 일이 가능한 거죠($64=2^6$). 즉 질문을 던질 때마다 전체 숫자의 범위가 반으로 줄어들었고, 여섯 번째 질문까지 던지고 나면 결국 남는 숫자는 하나밖에 없었던 거예요. 운이 좋다면 질문을 다섯 개만 던지고도 상대방이 생각한 숫자를 알아맞힐 수 있어요. 다섯 번째 질문 뒤에 남는 숫자 2개 중 올바른 숫자를 '찍는다면' 말이죠. 하지만 질문을 여섯 번 하고 상대방의 마음을 읽어 내는 것도 그다지 나쁜 성적은 아니겠죠?

참고로 맨 처음에 제시하는 구간이 반드시 1부터 64까지여야 하는 것은 아니랍니다. 2의 거듭제곱에 해당하는 숫자이기만 하면 돼요. 그래야 숫자들의 범위를 절반씩 줄여 나갈 수 있고, 상대방이 생각한 숫자가 쪼개진 두 구간 중 어느 쪽에 속하는지 쉽게 추측할 수 있으니까 말예요. 2, 4, 8, 16, 32 등 2의 거듭제곱에 해당되는 숫자들로 다양하게 연습해 보세요!

구간축소법은 수학의 다양한 영역 중에서도 활용도가 높은 분야예요. 무한소 개념에 관한 연구에서도 구간축소법이 활용되어요.

아이가 구간축소법 개념을 확실히 익힐 수 있도록 돌멩이나 꼬마 곰 젤리 등 작은 사물들을 활용하는 것도 좋습니다. 예컨대 32개의 작은 말을 일정한 간격으로 한 줄로 늘어놓은 뒤 아이에게 그중 한 개의 말을 고르라고 합니다. 이때 자신이 고른 말의 아래쪽에 표시를 해 두게 하면 나중에 쉽게 찾아낼 수 있겠죠. 그런 다음 선을 하나 그어 전체 말들을 반으로 분할하게 만들고, 자신이 표시해 둔 말이 두 영역 중 어디에 포함되어 있는지 말해 달라고 합니다. 이어 아이의 말이 포함되지 않는 말 16개를 치우고 위의 과정을 반복합니다. 아이가 게임의 원리를 충분히 이해했다 싶으면 역할을 바꾸어 해 보고 사물이 아닌 숫자로도 연습해 보세요.

제 7 장

논리 마술

불가능은 없다!

필요 인원	마술사 1명
필요한 능력	없음
준비물	모자 1개, 비스킷 1개, 마술봉 1개

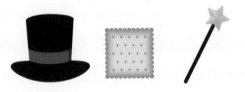

오늘의 마술 쇼가 거의 끝나 갑니다. 마지막 무대를 장식할 주인 공은 다섯 살 난 바스티안이에요. 바스티안이 검은색의 멋진 모자를 쓰고 모습을 드러냈어요. 한 손은 등 뒤로 감춘 채 말이죠. 바스티안이 뒤에 감추고 있던 손을 앞으로 꺼내며 말합니다.

"안녕하세요. 지금부터 제가 여러분 앞에서 이 비스킷을 지금 쓰고 있는 모자 아래쪽에 감출 거예요. 모자는 건드리지 않고 말이죠."

객석은 다시 술렁입니다. 오늘 쇼에서 여러 가지 신기한 마술들을 보았지만 바스티안이 제안하는 마술은 그보다 더 신기한, 아니 도저히 믿기지 않는 것이었거든요. 바스티안은 나머지 손을 움직여 주머니에 들어 있던 마술봉을 꺼내며 주문을 외칩니다.

"수리수리마수리 잘보시라수리!"

주문을 다 왼 바스티안은…… 어라? 비스킷을 먹어 버리네요?

"이제 비스킷 조각은 제 뱃속으로 들어갔어요. 하지만 괜찮아요. 제 배는 머리 아래쪽에 있고 머리는 모자 아래쪽에 있으니까 제 말대로 된 거 맞죠?"

객석에서는 웃음이 터졌고 바스티안은 입가에 묻은 부스러기를 훔친 뒤 관객들에게 인사를 하고 퇴장했어요.

바스티안의 공연은 수학과 무슨 관계가 있을까요? 언뜻 보기에는 아무런 관계도 없는 것 같죠? 하지만 곰곰이 생각해 보면 관련이 아주 없는 것도 아니랍니다. 바스티안은 불가능하게 보이는 일을 꾀와 재치로 가능하게 만들었거든요.

관객들은 바스티안의 말을 듣고 자기들 나름대로 멋진 마술 쇼를 떠올렸겠지만 바스티안은 빈틈을 정확히 공략했어요. 어쨌든 비스킷을 모자 아래쪽으로 감출 거라고 말했고 그 약속은 지켰잖아요? 바스티안은 "머리와 모자 사이에 비스킷을 넣어 볼게요."라고는 하지 않았어요. 듣는 우리가 당연히 그럴 거라고 착각한 거죠.

이런 식의 착각은 생활 속에도 스며들어 있고, 그런 착각이 도움이 될 때도 있답니다. 하지만 적어도 수학에서는 도움은커녕 방해만 된답니다.

따라서 말을 할 때 정확하게 표현하고 남의 말을 들을 때도 정확하게 분석하는 버릇을 가져야 한답니다!

무의식중에 일어나는 착각이나 논리적 오류는 수학적 증명뿐 아니라 철학과 법학 등 다양한 분야에서 심각한 실수를 불러일으켜요.

예를 한번 들어 볼까요? 'A라면 B이다'라는 명제가 대표적이죠. '내가 이 파이를 다 먹으면 접시는 비게 된다'라는 명제를 뒤집으면 '접시가 비어 있지 않다면 내가 이 파이를 다 먹지 않은 것이다'가 됩니다. 자, 여기까지는 전혀 문제가 없죠? 하지만 거기에 다른 정보들이 더해지면 어떻게 될까요?

접시는 분명 비어 있지만 나 아닌 다른 사람이 파이를 먹었을 수도 있지 않을까요? 혹은 처음부터 그 접시 위에는 아예 파이가 없었을 수도 있어요. 따라서 '내가 이 파이를 다 먹으면 접시는 비게 된다'와 '접시가 비어 있지 않다면 내가 이 파이를 다 먹지 않은 것이다'라는 명제가 동등하다는 말은 틀린 말이에요. 물론 개중에는 두 개의 진술이 동등해지는 경우도 있을 거예요. 예컨대 나 이외에는 그 접시에 손을 댈 사람이 아무도 없는 경우라면 말이죠. 하지만 그런 경우를 기준으로 첫 번째 명제와 두 번째 명제가 같다고 말할 수는 없겠죠?

침묵수도회의 병든 수도사

필요 인원	마술사 1명, 10~30명의 아이들
필요한 능력	아이들 숫자만큼의 수를 셀 수 있는 능력
준비물	아이들 숫자만큼의 검은색/빨간색 스티커, 침대 시트나 보자기 등(수도사로 변장할 때 필요함), 마술봉 1개

×인원수

무대 위로 어린 소녀 하나가 등장합니다.

"존경하는 신사 숙녀 여러분, 이 자리에 모인 친구 여러분. 잠시 뒤 침묵수도회의 수도사들이 이 무대를 찾을 거예요. 수도회의 이름에서 이미 짐작하셨겠지만 이 수도사들은 절대 말을 하지 않습니다. 말도 하지 않고 듣지도 않고 손짓이나 몸동작으로 신호를 보내지도 않습니다. 그러니 여러분도 이 수도사들의 입을 열려는 시도는 처음부터 하지 않는 게 좋습니다."

소녀는 고개를 기우뚱거리며 귀를 쫑긋 세운 관객들을 잠시 둘러보더니 말을 잇습니다.

"참, 침묵수도회의 수도사들이 오늘 이 무대를 찾은 데에는 특별한 이유가 있대요. 수도사들 사이에 기이한 질병이 유행처럼 번졌

기 때문인데요, 오늘 저와 여러분의 도움으로 그 질병을 치료하고
자 이 자리에 나온 거랍니다. 그 병에 걸리면 특별한 증상도 없다가
일 년쯤 뒤에 갑자기 세상을 떠난다고 하는군요. 다행히 그사이에 치
료법을 알아냈다고 합니다. 그 치료법이란 다름 아닌 '영리함'이라고
하는데, 어때요, 우리 함께 힘을 모아 이 분들을 치료해 볼까요? 우
선 저를 거들어 줄 한 분이 필요한데 지원하실 분 없나요?"

소년 하나가 당당하게 무대 위로 올라섰어요. 마술사가 고맙다고
인사를 했죠.

"이제 곧 수도사들이 등장할 거예요. 그러면 이 스티커들을 이마
에 붙여 주세요. 검은색 스티커는 질병을, 그리고 빨간색 스티커는
건강을 상징하는 거예요. 수도사 중 적어도 한 사람의 이마에는 검
은색 스티커를 붙여야 해요. 물론 수도사들은 자기 머리에 어느 색
스티커가 붙는지 알 수 없고요, 아시겠죠?"

수도사들이 한 사람씩 엄숙하게 무대 위로 등장했고 소년이 그들
의 이마에 차례로 스티커를 붙이기 시작했습니다. 빨간색 두 개를
연달아 붙이고 이어서 검은색 하나, 다시 빨간색 하나, 그다음엔 검
은색, 그다음엔 빨간색 등 소년은 자신이 내키는 대로 수도사들의
이마에 스티커를 붙였어요. 스티커를 다 붙이고 나자 수도사들은
무대 위에 자리를 잡고 섰고 소년은 원래 자리로 되돌아갔어요.

"이제 수도사들은 원래의 일상으로 돌아갈 거예요. 수도사의 일
상이란 기도하고 자는 거죠. 그런데 수도사들은 공부를 많이 하거

든요? 그래서 자기들도 알아요. 아픈 그룹과 건강한 그룹이 분리 되어야만 질병을 치료할 수 있다는 걸 말예요. 즉 검은색 스티커를 붙인 그룹과 빨간색 스티커를 붙인 그룹이 두 무더기로 나누어 서 야 하는 거죠."

그러자 관객들이 웅성거립니다.

"거울도 없는데 자기 이마에 무슨 색 스티커가 붙어 있는지 어떻 게 알아?"

이런 말도 들리네요. 게다가 이 수도사들은 침묵수도회에 소속된 수도사들이니 서로 힌트를 줄 수도 없잖아요? 그러니 관객들이 술 렁이는 것도 당연했어요.

"흠, 저도 이 분들께 말로써 힌트를 줄 수는 없어요. 텔레파시로 만 제 생각을 전달해 줄 수 있죠. 아무리 마술사라 하더라도 수도 회의 규칙을 어길 수는 없으니까요."

소녀가 수도사들 앞으로 나오더니 마술봉을 들고 주문을 외웠 어요.

"수리수리마수리 수학수리마수리!"

그러자 수도사들은 잠에 빠졌어요. 잠시 뒤 종이 울리자 수도사 들은 다시 일어나 기도를 하더니 다시 잠에 빠졌어요. 다시금 종이 울리자 수도사들은 이번에도 일어나 기도를 하고 다시 자리에 누 웠어요. 그 과정이 몇 번이고 반복되었죠. 그러다가 어느 순간, 수 도사들은 잠에서 깬 뒤 기도를 하는 대신 두 그룹으로 나누어 섰어요. 왼쪽에는 빨간색 스티커를 붙인 수도사들이, 오른쪽에는 검은색 스티커를 붙인 수도사들이 서 있었죠. 빨간색 스티커를 붙이고 오른쪽에 서 있는 사람도, 검은색 스티커를 붙이고 왼쪽에 서 있는 사람도 없었어요.

"우와!"

첫 번째 줄에 앉아 있던 금발머리 소년 하나가 박수를 치며 소리쳤어요. 꼬마 마술사는 수도사들을 바라보며 흡족한 표정으로 고개를 끄덕였고 침묵수도회 소속인 수도사들도 미소로써 감사를 표시한 뒤 경건한 몸짓으로 소녀와 함께 퇴장했어요.

마술사 소녀는 대체 무슨 마술을 한 걸까요? 왜 관객들은 박수를 쳤을까요? 수도사들은 어떤 역할을 했을까요?

이 문제를 이해하기 위해 수도사들의 수를 조금 줄여 볼게요. 예를 들어 수도사가 세 명뿐이고, 각각의 이름이 아우구스티누스, 베네딕투스, 카스텔루스라고 생각해 보죠. 수도사가 세 명뿐이라면 경우의 수도 확 줄어드네요. 표로 만들 수 있을 만큼 말이죠.

다음 표에서 '+'는 건강한 수도사를 의미하고 '−'는 질병에 걸린 수도사를 의미해요.*

아우구스티누스	베네딕투스	카스텔루스	병든 수도사의 수
−	+	+	1
+	−	+	1
+	+	−	1
−	−	+	2
−	+	−	2
+	−	−	2
−	−	−	3 (모두 다)

자, 이제 표시가 끝났네요. 참, 여러분 중에 '전부 다 건강한 사람일 수도 있잖아?'라고 생각하는 사람도 있을 것 같아요. 하지만 맨 처음에 얘기했죠? 수도사들이 이 마술에 참가한 이유가 질병을 치료하기 위해서라고 말예요. 그러니 세 사람 중 적어도 한 사람은 병에 걸린 거라는 전제가 성립되겠죠?

위에 소개한 여러 가지 가능성 중 수도사 한 명만 병에 걸린 경우는 세 가지예요. 그중 하나를 살펴볼까요? 어차피 개인적으로 친한 사이가 아니

---

* 즉 이마에 빨간색 스티커를 붙인 수도사(건강한 수도사)는 '+'가 되고 검은색 스티커를 붙인 수도사(병든 수도사)는 '−'가 되는 거예요.

니 셋 중 아무나 골라도 상관없겠죠? 그럼 예를 들어 아우구스티누스 수도사가 아프다고 해 보죠. 그리고 여러분 자신이 아우구스티누스가 되었다고 가정해 보세요. 자, 무엇이 보이나요?

당연히 병에 걸리지 않은 나머지 두 명, 즉 병에 걸리지 않은 베네딕투스와 카스텔루스가 보이겠죠? 셋 중 아픈 사람은 한 사람밖에 없으니, 그리고 아우구스티누스 자신이 병에 걸렸으니 나머지 둘은 건강한 사람이잖아요. 이제 여러분, 그러니까 아우구스티누스는 자신이 병에 걸렸다는 걸 깨달았으니 나머지 수도사들이 모여 있는 무리에서 빠져나와 다른 곳으로 이동합니다. 아픈 그룹과 건강한 그룹이 분리된 거죠.

그런데 만약 여러분이 아우구스티누스가 아니라 베네딕투스였다면 어떨까요? 그렇다면 여러분의 한쪽 옆에는 건강한 동료 카스텔루스가 서 있고 반대쪽에는 병에 걸린 친구인 아우구스티누스가 서 있겠죠? 베네딕투스는 아직 자신이 아픈지 건강한지 모르는 상태예요. 하지만 크게 걱정할 필요는 없어요. 첫 번째 종이 울린 뒤 아우구스티누스가 다른 무리로 옮겨 간다면 베네딕투스는 건강한 것이니까 말예요.

지금까지는 수도사 세 명 중 한 사람만 병에 걸린 경우를 다뤘어요. 그런데 만약 셋 중 두 사람이 병에 걸린 거라면 어떻게 될까요? 편의상 아우구스티누스와 베네딕투스가 아픈 두 사람이고 카스텔루스가 건강한 나머지 한 사람이라고 가정해 보죠.

이 상태에서 만약 여러분 자신이 베네딕투스였다면 상황이 어떻게 될까요? 방금 위에서 다룬 사례에서처럼 여러분의 한쪽 옆에는 건강한 형제 카스텔루스가, 다른 쪽 옆에는 아픈 형제 아우구스티누스가 서 있겠죠. 이때 첫 번째 종소리를 듣고 아우구스티누스가 다른 쪽으로 움직인다면 여러분은 '아, 나는 병에 걸리지 않았구나'라고 생각할 수 있을 거예요. 그런데 만약 아우구스티누스가 움직이지 않는다면 그건 무슨 뜻일까요? 그래요, 아우구스티누스의 눈에도 병에 걸린 한 사람이 보인 거예요. 그렇다면 베네딕투스는 자기가 병에 걸렸다는 사실을 깨달았으니 두 번째 종이 울린 다음 다른 무리로 이동하겠죠. 곧이어 아우구스티누스도 카스텔루스의 이마를 확인한 뒤 다음 종이 울린 뒤 베네딕투스의 곁으로 올 것이고, 이것으로 문제는 해결된 거예요.

이제 남은 경우의 수는 한 가지뿐이군요. 즉 세 사람 모두 병에 걸린 경우 말이죠. 이번에는 여러분이 카스텔루스라고 가정해 볼까요? 그러면 여러분 양쪽에는 병에 걸린 수도사 두 명이 서 있겠죠. 하지만 첫 번째 종이 울렸는데도 아무도 꼼짝을 않네요. 두 번째 종이 울려도 마찬가지예요. 그렇다면 답은 하나예요. 세 사람 모두가 병에 걸린 거죠. 결국 세 사람이 한꺼번에 오른쪽으로 옮겨 가면서 마술은 완성되겠죠.

두 번째 종이 울릴 때까지 아무도 움직이지 않는다고 해서 세 사람 모두가 병에 걸렸다는 법이 어디 있느냐고요? 흠, 만약 카스텔루스가 병에 걸리지 않았다면 베네딕투스와 아우구스티누스는 두 번째 종이 울린 뒤에 자신들이 아프다는 것을 깨닫고 오른쪽으로 이동했을 거예요. 위 사례에서 베네딕투스가 나머지 동료들의 행동으로 자신이 병에 걸렸다는 사실을 유추했던 것처럼 말예요. 하지만 아우구스티누스와 베네딕투스는 두 번째 종이 울린 뒤에도 꼼짝하지 않았고, 따라서 세 사람 모두 병에 걸린 거예요.

다시 한 번 원리를 정리해 볼까요? 첫째, 만약 내 눈에 아픈 친구가 보이지 않는다면 내 자신이 아픈 거예요. 그러니 첫 번째 종소리를 듣고 오른쪽으로 이동하겠죠. 둘째, 내 눈에 아픈 친구가 하나 보이는데 그 친구가 첫 번째 종이 울린 뒤에도 이동하지 않는다면 나도 아픈 거예요. 따라서 이번에는 두 번째 종소리를 듣고 그 친구와 내가 오른쪽으로 이동합니다. 셋째, 내 눈에 보이는 두 사람 모두가 병에 걸렸는데 두 사람 모두 두 번째 종이 울린 뒤에도 이동하지 않는다면 나 역시 병에 걸린 거예요. 따라서 세 번째 종이 울린 뒤 세 사람이 한꺼번에 오른쪽으로 이동해야 하는 것이고요. 만약 두 번째 종이 울린 뒤 두 동료가 함께 오른쪽으로 이동한다면 나는 건강하다는 뜻이 되죠. 즉 종을 세 번만 울리면 병든 사람과 그렇지 않은 사람을 구분할 수 있게 되는 것이랍니다. 참고로, 이 마술 뒤에는 수학에서 말하는 '비둘기집의 원리'('서랍 원리'라고 부르기도 함)라는 것이 숨어 있답니다.

사람 수가 늘어나도 문제를 해결하는 방식은 똑같아요. 여러분이 수많은 수도사 중 한 사람이라고 생각해 보세요. 그중 아픈 사람의 숫자를 N이라고 해 볼게요. 그 N명이 N번째 종이 울린 뒤에도 움직이지 않는다면 여러분 자신도 병에 걸린 거예요. 따라서 다음 번($N+1$번째) 종소리를 듣고 여러분도 아픈 N명과 함께 오른쪽으로 이동해야 하는 거죠. 그게 아니라 N번째 종이 울릴 때 형제들이 이동한다면 여러분 자신은 건강하다는 뜻이 되고요.

여기서 말한 해법을 증명하고 싶다면 '귀납적'으로 다가가야 해요. 즉 최소한의 상태(이 마술에서는 셋 중 한 명, 혹은 두 명, 혹은 세 명이 아프다고 가정한 상태)가 올바르다는 것을 보여 줘야 하는 거죠. 이것을 우리는 귀납적 증명에 있어 '기본 단계'라 부르죠. 다음으로 N명의 수도사에 대해 N이 성립한다는 것을 가정한 상태에서 증명을 시도합니다. 이것을 '귀납 가정'이라고 불러요. 세 번째로는 두 번째 가정, 즉 귀납 가정을 바탕으로 $N+1$이라는 복잡한 공식에서도 명제가 성립된다는 것을 증명해야 해요. 이 단계가 바로 '귀납 단계'예요.

귀납적 증명에 대해 조금 더 알아볼까요? 우선 수많은 병들이 끝없이 늘어서 있는 모습을 상상해 보세요. 멋지게 늘어서 있는 가로수처럼 말이죠. 그 상태에서 여러분은 빈 병들을 도미노처럼 쓰러뜨리고 싶어 합니다. 이때 모든 병들이 하나도 빠짐없이 쓰러지게 만들기 위해서는 두 가지 질문을 해결해야 해요.

'맨 앞에 서 있는 병이 넘어지는가?'라는 질문이 첫 번째인데, 바로 귀납적 증명에 있어 기본 단계예요. 다음으로는 '병들이 쓰러지면서(귀납 가정: $N+1$번째 병이 쓰러지면서) 자신의 다음에 서 있는 병을 건드려 쓰러뜨리는가(귀납 단계: N번째 병이 쓰러지는가)?'라는 질문이에요.

위 두 가지 질문에 '예'라고 답할 수 있다면 늘어선 병들이 하나도 빠짐없이 쓰러진다고 확신할 수 있겠죠?

아이가 이 마술 뒤에 숨은 기본적인 원리를 이해할 때까지 충분히 반복하며 연습해 주세요. 이때 병에 걸린 수도사의 숫자를 되도록 다양하게 바꿔 주는 것이 좋습니다.

진실과 거짓

필요 인원	마술사 1명
필요한 능력	논리적 사고 능력
준비물	'늘 진실만 말할 것', '늘 거짓만 말할 것'이 쓰여진 쪽지 각 1장, 똑같은 편지 봉투 2장, 꼬마 곰 젤리 2개, 의자 2개, 탁자 1개, 마술봉 1개

드라이어 가족이 거실에 옹기종기 둘러앉아 있습니다. 벽에는 화려한 그림들이 걸려 있고 바닥에는 인도산 카펫이 깔려 있네요. 반쯤 열린 커다란 창문 앞에는 탁자가 하나 놓여 있고 그 주변에는 편안해 보이는 의자 두 개가 놓여 있어요. 저녁노을이 이제 막 창문을 뚫고 들어와 거실을 따스하게 비추고 있습니다.

창문 반대편 소파에는 로타의 아빠 페터와 엄마 엘리자베스가 앉아 있고, 두 사람의 결혼 25주년을 축하하기 위해 모인 손님들이 그 주변에 둘러서 있군요. 로타의 삼촌, 숙모, 사촌 그리고 친구들까지, 모두 이 자리를 빛내기 위해 잊지 않고 달려와 주었어요. 그런데 이 집의 막내딸인 로타가 보이지 않네요? 아, 옆방에서 무언가를 열심히 준비하고 있었군요.

"엄마, 아빠 그리고 자리를 가득 채운 관객 여러분!"

로타가 조금은 거추장스러워 보이는 긴 망토를 두르고 거실로 나왔어요. 걸을 때마다 바스락 소리가 났죠. 손에는 커다란 가방을 들고 있었어요.

"엄마, 아빠의 결혼 25주년을 축하드리기 위해 제가 '진실 마술'을 준비했어요. 이 마술을 하려면 엄마, 아빠의 도움이 필요한데, 도와주실 거죠? 좋아요, 우선 이 앞에 놓인 의자에 편하게 자리를 잡고 앉아 주세요."

로타는 부모님이 자리를 이동할 때까지 기다렸다가 편지 봉투 두 장을 꺼내 듭니다. 크기로 봐서나 모양으로 봐서나 완전히 똑같은 봉투들이었어요. 곧이어 로타는 봉투 두 장을 관객 중 한 명에게 건네며 두 개를 잘 섞은 다음 하나를 엄마한테, 나머지 하나를 아빠한테 전달해 달라고 부탁했어요. 전달이 끝나자 로타는 마술봉을 들고 알 수 없는 주문을 외웠어요.

"수리수리마수리 진실수리! 마법의 힘이여, 참과 거짓을 가려 다오!"

주문을 외는 동안 로타는 엄마와 아빠 사이의 허공에 대고 마술봉을 구불구불 흔들었어요.

"봉투 안에는 쪽지가 한 장씩 들어 있어요. 그중 한 장에는 '늘 진실만 말할 것'이라 적혀 있고 다른 한 장에는 '늘 거짓만 말할 것'이라 적혀 있어요. 각자 어떤 쪽지를 발견하든 이 마술이 끝날 때까지는 그 명령에 따라야 해요, 아시겠죠?"

로타의 부모님은 말없이 고개를 끄덕이며 봉투를 열어 쪽지를 확인했어요.

"저는 두 분 중 누가 진실을 말하고 누가 거짓을 말하는지 알 수 없어요. 자신의 쪽지에 진실과 거짓 중 무엇이 적혀 있는지는 저뿐 아니라 이 자리에 모인 사람 중 그 누구에게도 누설해서는 안 돼요."

이번에도 부모님은 말없이 고개만 끄덕였어요.

"하지만 엄마나 아빠는 누가 진실을 말하고 누가 거짓을 말하는지 당연히 아실 거예요. 둘 중 한 사람은 진실을, 한 사람은 거짓을 말하게 되어 있으니까요."

로타의 부모님은 잠시 생각에 잠기더니 금세 로타를 향해 미소를 지었어요. 그런 다음 쪽지를 다시 봉투에 넣었죠.

로타는 창문 옆에 놓인 탁자를 가리키며 말했어요.

"이 탁자 위에는 꼬마곰 젤리가 한 개 놓여 있어요. 이제 저는 잠시 거실 밖으로 나갈 거예요. 누가 그 젤리를 먹는지 볼 수 없게 말이죠. 혹시 제가 비밀리에 훔쳐 보는 건 아니냐고요? 걱정 마세요. 펠릭스 오빠가 제 뒤를 따라다니며 감시할 테니까요!"

그 말에 펠릭스는 저도 모르게 일어서서 로타 곁으로 걸어갔어요.

"오빠와 제가 거실이 보이지 않는 곳으로 숨은 뒤에 아무것도 보이지 않는다는 신호를 보낼 거예요. 그러면 두 분 중 한 분이 꼬마

곰 젤리를 드시면 돼요. 그러고 나면 제가 다시 여기로 돌아와 '예/아니요' 질문의 마법으로 두 분 중 젤리를 먹은 사람이 누군지 맞혀 볼게요. 아, 떠나기 전에 다시 한 번 당부 드릴게요. 두 분 중 한 분만 진실을 말씀하셔야 되고, 누가 거짓을 말하는지 절대로 제게 들키면 안 돼요, 아셨죠?"

거실에 모여 있던 사람들은 웅성거리기 시작했어요. 꼬마곰 젤리를 먹은 범인을 로타가 대체 어떻게 알아내겠다는 건지 알 수 없었기 때문이죠. 과연 로타는 자신이 약속한 대로 예/아니요 질문만으로 범인을 찾아낼 수 있을까요?

술렁이는 관중들을 뒤로 한 채 로타는 오빠 펠릭스와 함께 거실을 벗어납니다. 로타가 거실이 안 보이는 곳까지 이동하자 펠릭스가 부모님께 수신호를 보냈죠. 그러자 아빠가 벌떡 일어서더니 까치발로 살금살금 엄마한테 다가가서 젤리를 입에 넣어 주었어요. 엄마는 미소를 지으며 아빠가 건넨 젤리를 받아먹었어요. 아빠는 다시 자리로 돌아와 앉으며 큰 소리로 외쳤어요.

"다 됐다. 이제 들어와도 돼!"

로타와 펠릭스가 거실로 돌아왔어요. 로타는 마술봉을 들고 주문부터 외웠죠.

"수리수리마수리 진실수리! 아빠, 만약 제가 엄마한테 젤리를 드셨냐고 물으면 엄마는 뭐라고 대답할까요?"

로타가 눈을 반짝이며 아빠를 쳐다봤어요. 아빠는 잠시 생각하는 듯하더니 "아마도 먹지 않았다고 대답할 거다"라고 했어요. 사실 그건 거짓말이었지만, 아빠는 로타가 아무것도 눈치챌 수 없을 만큼 담담하게 대답했어요. 거실에는 팽팽한 긴장감이 돌았죠. 모두 로타의 아빠 페터가 거짓말을 했다는 사실을 알고 있었고, 그럼에도 불구하고 로타가 진실을 밝혀 낼 수 있을지 궁금했던 거죠.

그때 로타가 다시 한 번 관객들을 향해 마술봉을 치켜들었어요.

"수리수리마수리 진실수리! 마법의 힘이여, 참과 거짓을 가려 다오! 자, 이제 진실은 밝혀졌어요. 젤리를 먹은 건 엄마예요!"

그 광경을 지켜보던 관객들은 일제히 박수갈채를 보냈어요. 로타는 예의 바르게 절을 하고 젤리를 드시지 못한 아버지께도 젤리 하나를 건네 드렸죠. 그런 다음 부모님이 들고 계시던 봉투를 건네받아 관객들에게 보여 줬어요.

누가 꼬마곰 젤리를 먹었는지 로타는 어떻게 알아냈을까요? 엄마나 아빠 두 분 중 한 분이 딸의 마술이 실패로 돌아갈까 염려한 나머지 힌트를 준 것 같죠? 아니면 마술 공연을 하기 전에 미리 로타와 아빠가 모종의 합의를 본 건 아닐까요? 아니면 아무 생각 없이 결과를 운에 맡겼는데 50 대 50의 상황에서 운명의 여신이 로타의 손을 들어 준 걸까요?

이도 저도 아니라면 설마 로타가 정말 단 한 번의 질문으로 마술처럼 범인을 알아낸 걸까요? 그래요, 그게 바로 정답이에요! 로타는 수학을 이용해 마술을 부리며 관객들을 매료시킨 거예요! 사실 편지 봉투를 열었을 때 일어날 수 있는 상황은 두 개밖에 없어요. 다음 표와 같이 말예요.

가능한 상황	엄마(엘리자베스)	아빠(페터)
1	늘 진실만 말할 것	늘 거짓만 말할 것
2	늘 거짓만 말할 것	늘 진실만 말할 것

위 마술의 비밀은 엄마와 아빠 두 사람 중 누가 진실을 말하든 상관없는 데에 있답니다! 둘 중 누가 대답을 하든 그 대답은 틀릴 수밖에 없어요. 그러니 로타는 그 대답을 뒤집어서 꼬마곰 젤리를 먹은 범인을 알아낼 수 있었던 거죠.

그런데 무슨 근거로 엄마나 아빠의 대답 모두가 틀렸다고 말할 수 있는 것일까요? 복잡한 설명을 피하기 위해 우선 젤리를 먹은 사람이 위 마술에서처럼 로타의 엄마였다고 가정한 상태에서 아빠의 대답을 분석해 볼게요. 그런데 로타가 아빠가 아닌 엄마한테 질문을 던졌을 수도 있겠죠? 그때의 상황은 어땠을지 살펴볼까요?

만약 로타가 엄마한테 젤리를 먹었냐고 물어봤다면 엄마의 봉투 안에 진실 쪽지와 거짓 쪽지 중 무엇이 들어 있었느냐에 따라 달라지겠죠? 다음과 같이 말예요.

가능한 상황	(엄마에게 질문을 던졌을 경우)엄마의 예상 답변
1	예(꼬마곰 젤리를 먹었다는 뜻)
2	아니요(꼬마곰 젤리를 먹지 않았다는 뜻)

1번의 경우, 엄마는 사실대로 자신이 젤리를 먹었다고 말하는 게 되고 2번의 경우에는 엄마가 거짓말을 한 거예요. 즉 엄마가 '늘 거짓만 말할 것' 쪽지를 뽑은 거죠.

자, 엄마의 경우는 그렇고, 아빠는 어떻게 대답했나요? 아빠의 대답에 대해 이야기하기 전에 아빠가 알고 있는 사실에 대해 먼저 얘기해 볼까요?

1번의 경우, 엄마가 '진실 쪽지'를 뽑았으니 아빠는 '거짓 쪽지'를 뽑았겠죠? 이 경우, 아빠는 물론 엄마가 진실을 말한다는 것을 알고 있었을 테고요. 둘 중 한 사람은 진실을 말할 수밖에 없다고 로타가 미리 설명했잖아요. 즉 아빠가 거짓 쪽지를 고른 상태에서 로타가 엄마한테 젤리 곰을 먹었냐고 물었다면 엄마는 '예'라고 대답할 수밖에 없는 상황이 바로 1번 상황인 거예요.

하지만 로타는 아빠에게 물었고, 아빠는 어떻게 대답했나요? 그래요, 엄마한테 물었다면 나왔을 대답, 즉 '예'라는 대답을 뒤집어서 '아니요'라고 대답했어요. 따라서 아래 도표의 오른 칸, 즉 '아빠의 답' 난의 위쪽에 '아니요'라고 적어 넣을게요.

가능한 상황	엄마의 예상 답변	아빠의 답
1	예	아니요
2	아니요	

그렇다면 이제 2번의 경우를 살펴볼까요? 이번에도 일단 아빠가 처한 상황부터 알아볼게요. 2번 상황은 엄마가 거짓 쪽지를 뽑았고 아빠가 진실 쪽지를 뽑은 상황이에요. 즉 로타가 만약 엄마한테 꼬마곰 젤리를 먹었냐고 물어보면 '아니요'라고 대답하는 상황이죠.

하지만 로타는 아빠한테 질문을 던졌어요. 만약 엄마한테 꼬마곰 젤리를 먹었냐고 물어보면 뭐라고 대답할 것 같으냐고 말이죠. 늘 진실만 말해야 하는 아빠는 이번에도 '아니요'라고 대답할 수밖에 없고요. 따라서 2번의 경우에도 아빠의 대답은 '아니요'가 된답니다. 다음 표와 같이 말이죠.

가능한 상황	엄마의 예상 답변	아빠의 답
1	예(꼬마곰 젤리를 먹었다는 뜻)	아니요
2	아니요(꼬마곰 젤리를 먹지 않았다는 뜻)	아니요

다시 말해 만약 엄마가 젤리를 먹은 게 사실이라면 아빠는 어떤 쪽지를 뽑았든 '아니요'라고 대답할 수밖에 없는 거예요. 그러니 둘 중 누가 거짓

말을 하든 로타는 진실을 알아낼 수 있었던 거죠.

그런데 만약 엄마가 아니라 아빠가 젤리를 먹었다면 상황이 어땠을까요?* 그 경우의 결과는 다음 표와 같아질 거예요.

가능한 상황	엄마의 예상 답변	아빠의 답
1	아니요(꼬마곰 젤리를 먹지 않았다는 뜻)	예
2	예(꼬마곰 젤리를 먹었다는 뜻)	예

이번에는 아빠의 대답이 늘 '예'가 되는 거죠. 즉 엄마와 아빠 중 누가 거짓을 말하든 로타는 진실을 밝혀낼 수 있는 거예요. 왜냐고요? 상황이 다음과 같이 정리되니까요!

아빠의 답변	엄마가 꼬마곰 젤리를 먹었나요?	누가 먹었을까?
아니요	예	엄마
예	아니요	아빠

---

* 이 상황에서도 로타다 질문을 아빠한테 던진다고 가정해요.

로타는 두 사람 중 누가 진실을 말하는지 몰라요. 그럼에도 불구하고 어떻게 젤리를 먹은 범인을 쉽게 알아낼 수 있었을까요? 그것은 바로 두 사람의 상반되는 역할 때문이죠. 즉 로타가 진실을 말하는 사람과 거짓을 말하는 사람 중 누구한테 질문을 던지든 답은 늘 반대로 나오게 되어 있는 거죠. 잘 이해가 안 된다면 위에 나온 표 중 마지막 표를 다시 한 번 유심히 살펴보세요.

그래도 모르겠다는 친구들을 위해 동전의 예를 들어 볼게요. 우선 여러 사람들이 나란히 서 있다고 가정해 보기로 해요. 그 사람들이 번갈아 가며 무슨 말(이 말을 논리수학*)에서는 '명제'라고 부른답니다)을 하는 거죠. 그런데 그것이 참일 수도 있고 거짓일 수도 있어요. 동전은 지금 막 말하는 사람의 손으로 다음 사람의 손으로 계속해서 전달되죠. 그런데 만약 어떤 사람이 진실을 말하면 동전은 그 상태로 다음 사람에게 넘어가요. 만약 앞면이 위로 향하고 있었다면 그다음 사람에게 전달할 때도 앞면이 위인 상태로 전달되는 거죠. 반면 거짓 명제를 말한 사람은 다음 사람에게 동전을 전달할 때 동전의

---

* 논리수학에 대해 더 알고 싶다면 '세비야의 이발사' 부분을 참고해 주세요.

앞과 뒤를 뒤바꿔야 해요.

맨 처음 동전의 앞면이 위를 향하고 있었는데 마지막에 뒷면이 위를 향하고 있다면 중간에 적어도 한 명이 거짓 명제를 말한 게 되겠죠? 하지만 거짓 명제를 말한 사람이 비단 한 명이 아니라 세 명이나 다섯 명, 일곱 명 혹은 그 이상일 수도 있어요. 어쨌든 홀수만큼의 사람이 거짓을 말했다는 거죠. 하지만 마지막 사람의 손에 들린 동전도 앞면이 위를 향하고 있었다면 아무도 거짓말을 하지 않았거나 거짓 명제를 말한 사람의 수가 짝수라는 뜻이겠죠.[**]

이 원칙은 다른 명제, 즉 A라는 사람에게 "B라는 사람이 무엇이라 대답할 것 같으냐?"는 질문을 던질 때에도 적용이 된답니다. 예컨대 A는 늘 진실을 말하고 B는 늘 거짓을 말한다고 해 보죠. 이때 두 사람은 이 마술에서처럼 서로 상대방이 참을 말하는지 거짓을 말하는지 알고 있어요. 자, 이제 동전의 앞면은 '엄마가 젤리를 먹었다'는 것을 의미하고 동전의 뒷면은 그 명제에 대한 부정 명제, 즉 '엄마가 젤리를 먹지 않았다'를 의미합니다.

[**] 홀수와 짝수에 대해 더 궁금한 친구들은 '앞뒤? 안팎? 홀짝?' 부분을 참고해 주세요.

이제 동전을 탁자 위에 올려 두세요. 앞면과 뒷면 중 어느 쪽이 위로 향하든 상관없어요. 다시 한 번 말하지만, 앞면이 위를 향했다면 '엄마가 젤리를 먹었다'가 되고 앞면이 아래쪽을 향했다면 '엄마가 젤리를 먹지 않았다'가 됩니다. 자, 동전의 앞면이 위를 향하고 있다고 가정했을 때 이 상황에서 A에게 "엄마가 젤리를 먹었나요?"라고 물으면 A는 늘 진실을 말해야 하니까 동전을 그대로 놓아둘 테고 같은 질문을 B한테 던지면 B는 동전을 뒤집을 거예요.

그런데 만약 A에게 "B한테 엄마가 젤리를 먹었냐고 물으면 B가 뭐라고 대답할까요?"라고 묻는다면 어떤 대답이 나올까요? 로타의 마술 속에 담긴 비밀이 떠오르나요? 그래요, A는 B의 대답이 어떨 것 같으냐는 질문에 '아니요'라고 대답하거나 동전을 뒤집을 거예요. 즉 A는 말하자면 B의 대리인이 되어 동전을 뒤집는 거죠. 이제 동전은 처음의 위치에서 한 번 뒤집혔어요. 하지만 걱정 없어요. 어차피 둘 중 한 사람은 거짓말을 하고 있고 동전을 한 번, 즉 홀수만큼 뒤집었다는 사실을 알고 있으니까 말예요.

같은 질문을 B한테 했다면 어땠을까요? B는 우선 A의 입장이 되어 A라면 동전을 원래 상태 그대로 놓아둘 것이라고 생각했다가 곧이어 거짓을 말해야 되는 자신의 입장으로 돌아와 동전을 뒤집었겠죠. B는 늘 거짓을 말해야 하는 입장이니까요. 자, 이 경우에도 동전은 원래 위치에서 뒤집힌 상태가 되는군요. 하지만 마술사는 이미 알고 있죠, 둘 중 거짓을 말하는 사람은 한 사람뿐이라는 사실을 말예요.

동전 마술에서도 거짓을 말하는 사람이 한 사람뿐이기 때문에 로타의 마술에서와 똑같은 결론을 내릴 수 있어요. '마법의 질문'이 늘 거짓말을 유도한다는 사실 말예요.

로타의 마술은 마술보다는 수수께끼로 잘 알려져 있어요. 수수께끼 속 죄수는 늘 간수 두 명의 감시를 받는답니다. 그런데 간수 둘 중 한 명은 늘 진실만 말하고 한 명은 늘 거짓만 말해요. 두 사람은 서로 누가 진실을 말하고 누가 거짓을 말하는지 알고 있고요. 그런데 죄수가 갇혀 있는 방에는 문이 두 개 있어요. 하나는 자유로운 바깥세상으로 이어지는 문이고 하나는 사형대로 이어지는 문이에요. 어느 문을 선택하느냐에 따라 목숨이 오가는 상황이죠. 죄수는 두 개의 문 중 하나를 선택해야만 해요. 하지만 다행히 선택에 앞서 예/아니요 질문 하나를 던질 기회를 얻었어요. 죄수는 어떤 질문을 해야 목숨을 건질 수 있을까요?

앞서 설명했듯 마술사가 진실을 말하는 사람과 거짓을 말하는 사람 중 누구를 선택하든 상관없습니다. 또 둘 중 누가 진실을 말하고 누가 거짓을 말하는지 알아낼 필요도 없습니다. 둘 중 한 사람, 즉 A에게 나머지 사람인 B에게 젤리를 먹었느냐고 물었을 때 B가 무어라 답하겠느냐고 물어보기만 하면 되는 거죠. A가 "예."라고 했다면 A가 먹은 것이고, A가 "아니요."라고 했다면 B가 젤리를 먹은 것이니까요.

이 마술은 경우에 따라 반복적인 연습이 필요할 수도 있습니다. 이때 A나 B처럼 추상적인 개념보다는 인형 등의 구체적인 사물을 이용하는 것이 이해를 돕기에 용이합니다. 비교적 연령이 높은 아이라면 주변 사람들의 이름을 거론하며 게임을 진행하는 것도 좋습니다.

세비야의 이발사

필요 인원	마술사 1명
필요한 능력	긴장감 조성 능력, 스토리텔링 능력
준비물	없음

　방학 캠프의 마지막 날이에요. 캠프에 참가했던 어린이들과 청소
년들은 내일이면 집으로 돌아가야 하고, 그로부터 이틀 뒤엔 긴 방
학 끝에 친구들과의 재회가 기다리고 있답니다. 오늘의 마지막 무
대는 언니오빠들이 선생님들과 함께 준비했대요. 그다음에는 멋진
캠프파이어가 이어질 예정이고요.

　공연장은 바늘 하나 들어갈 틈 없이 콩나물시루처럼 빽빽하네요.
모두 언니, 오빠, 형, 누나들의 공연을 보려 구름같이 모여들었나
봐요.

　오늘의 첫 무대는 여학생 두 명과 남학생 두 명이 함께 펼치는
댄스 무대예요. 폭이 넓은 치마를 입고 무대를 누비는 여학생들의
모습도 우아하고 그 옆에서 힘찬 동작들을 보여 주는 남학생들의

실력 역시 여자 무용수들 못지않게 뛰어나군요.

네 사람의 환상적인 무대가 끝나자 선생님들이 등장해 그림 쇼를 펼쳤어요. 선생님들은 멋진 그림들을 순식간에 마술처럼 만들어 냈고 그 광경을 지켜보던 캠프 참가자들은 모두 입이 딱 벌어졌어 요. 선생님들이 퇴장하자 휠체어를 탄 소년이 하나 등장했어요. 열 다섯 살 난 에릭이 바로 그 주인공이죠.

"모두 즐거우신가요? 이제 제가 더 큰 즐거움을 드릴게요!"

에릭이 웃으면서 관객들에게 선포했어요.

"저는 오늘 공연을 위해 이 세상에서 가장 진기한 이야기들만 담 겨 있는 상자를 열어 봤답니다. 오늘은 그중에서도 '세비야의 이발 사'라는 얘기를 여러분께 들려 드릴까 해요."

에릭은 긴장감을 자아내기 위해 일부러 잠깐 휴식을 취했어요. 모두 다음 말이 이어질 때까지 숨을 죽이고 기다렸죠.

"세비야는 스페인하고도 안달루시아 지방에 있는 도시랍니다. 이 이야기의 역사는 지금으로부터 장장 몇 십 년, 아니 몇 백 년을 거 슬러 올라가죠. 그 당시 이발사라는 직업은 단순히 손님들의 머리 만 자르는 사람들을 가리키는 말은 아니었어요. 그 외에도 이발사 가 해야 할 일은 무궁무진했으니까요. 손님들의 머리를 다듬는 일 부터 시작해서 크고 작은 행사가 있을 때에는 수염도 다듬어야 했죠. 손님 중에는 나이 드신 분들도 있었고 젊은 청년들도 있었어요."

에릭은 다시 숨을 고르며 관객들에게 자신의 말을 되새길 시간을 주었어요.

"요즘 이발사들도 그렇지만 그 당시 이발사들의 중대 업무 중 하나는 손님의 말에 귀를 기울이는 것이었어요. 그런데 어느 날부터 손님이 뚝 끊겼어요! 세비야의 이발사가 제아무리 멋들어지게 머리를 자르고 면도를 하고 손님들의 말에 귀를 기울이려 노력해도 벌이는 시원찮고 파리만 날리는 것 아니겠어요? 간간이 오는 손님들이라고는 나이 든 노인과 어린 소년들뿐이었어요!"

에릭이 말을 멈추고 관객들을 잠시 둘러봤어요.

"이유가 뭐냐고요? 면도 정도는 직접 하는 게 유행처럼 번지기 시작한 거죠. 그 때문에 손님이 뚝 끊겨, 세비야의 이발사는 앞으로 어떻게 입에 풀칠을 해야 할지 몰라 두려웠고 가족들에 대한 책임감 때문에 어깨가 무거웠죠."

에릭이 잠깐씩 말을 멈출 때마다 공연장 안에는 팽팽한 긴장감이 감돌았어요. 모두 에릭이 무슨 말을 할지만 기다리고 있는 듯했죠.

"이발사는 근심에 휩싸였고, 결국 아내에게 고민을 털어놓았어요. 그의 아내는 고심 끝에 의견을 내놓았어요. 오늘날로 하자면 '마케팅 아이디어'를 내놓은 거겠죠? 세비야의 이발사는 다음날 아침, 어찌 보면 터무니없어 보이는 유치한 문구를 가게 앞에 내걸었어요. '나는 스스로 면도하지 않는 사람들에게만 면도를 해 드립니다'라는 문구를 말이죠."

그런데 관객 중 에릭의 유머를 알아차린 이는 아무도 없는 것 같았어요. 객석이 오히려 방금 전보다 더 조용해졌거든요. 그러자 에릭은 약간의 설명을 덧붙였어요.

"흠, 잘 들어 보세요. 세비야의 이발사는 스스로 면도하지 않는 사람들에게만 면도를 해 준다고 했어요. 그렇다면 세비야의 이발사는 누가 면도를 해 줄까요?"

거기까지 말한 다음 에릭은 관객들에게 생각할 시간을 줬어요.

"만약 면도를 직접 한다면 앞서 내세운 문구에 따라 자기가 자기를 면도할 수는 없겠죠? 만약 직접 면도를 하지 않는다면 앞서 내세운 문구에 따라 면도를 해 줘야 하는데, 가능할까요?"

그 순간, 관객들 모두가 갑자기 생각에 잠기기 시작했어요. 모두 고개를 갸우뚱하고 눈동자를 이리저리 굴리다가 옆 사람을 쳐다봤죠. 그러다가 서로 의견을 교환하기도 했고, 그때 벌써 "와! 정말 멋지고 신기한 이야기야!"라고 외치는 사람도 더러 있었어요. 그 소리에 모두 자석에 끌린 것처럼 박수를 쳤답니다. 에릭은 신이 나서 무대 위를 이리저리 누비기까지 했답니다. 오늘 자신의 공연을 본 사람이라면 세비야의 이발사 얘기를 쉽게 잊진 못할 거라는 생각에 저도 모르게 기분이 들떴나 봐요.

여러분도 그 자리에 있던 관객들만큼 에릭의 마술에 매료되었나요? 당연히 그럴 수밖에 없었겠죠! 이발사가 홍보용으로 내건 문구는 논리적 패러독스, 즉 논리적 역설이 포함된 문구였으니까요! 다시 말해 그 문장은 자체적으로 모순되는 문장이었다는 뜻이에요. 적어도 그 말을 한 사람이 이발사라면 말이죠. 그 문구를 내건 사람이 이발사가 아니라면 아무 문제도 없겠지만 수학적 - 논리적 증명 과정에서는 어떤 명제에 자기 자신이 포함될 때 모순이 되고 마는 때가 많거든요.

논리수학에서 쉽게 증명할 수 없는 명제 중 하나가 "이 문장은 거짓이다"라는 거예요. 이 명제가 참인지 거짓인지 구분해 내기가 쉽지는 않겠죠? 만약 그 말이 참이라면 "이 문장은 거짓이다"라는 말도 거짓이 되고, 반대로 그 말이 거짓이라면 "이 문장은 거짓이다"라는 말이 거짓이니까 그 문장은 참이 되잖아요? 복잡하다고요? 맞아요, 분명 복잡한 문제예요.

'하지만 거기에도 분명 해답은 있을 거야!'라고 생각하는 친구들도 있을 거예요. 실제로 이 문제는 절대로 풀 수 없는 문제는 아니에요. 그러나 철학적으로 매우 깊은 사고가 필요하기 때문에 여기에서는 더 깊이 다루지 않을 거예요.

세비야의 이발사라는 이야기 속에 담긴 역설은 철학자이자 수학자인 버트런드 러셀(1872~1970)이 집합 이론을 설명하기 위해 만들어 낸 이야기로서, 수리 영역에서는 매우 널리 알려진 것이에요. 따라서 이 역설을 푸는 열쇠 역시 집합 개념 속에 숨어 있답니다. 다시 말해 집합 안에 정확히 무엇이 포함되는지를 파악하고 나면 해답을 찾을 수도 있다는 거죠. 즉 어떤 상황 하에서 어떤 사람 혹은 어떤 사물이 그 집합에 속하는지 혹은 속하지 않는지를 파악할 수 있는 명백한 기준이 필요한 거예요. 정형화된 기준만 있으면 어떤 집합이 특정 집합에 속할 수 있는지 아닌지 판단할 수 있으니까요. 러셀은 세비야의 이발사라는 사례를 통해 그러한 형식논리학적 관계를 설명했답니다.

"이 문장은 거짓이다"라는 말 속에 담긴 역설도 형식논리학적으로 풀어 낼 수 있어요.

형식논리학이란 어떤 말 속에 담긴 진실이 검증 가능한 것인지, 가능하다면 어떤 방법으로 검증할 것인지를 연구하는 학문이에요. 이때 가장 중요한 건 해당 명제의 개념을 논리적, 형식적으로 정의할 수 있어야 한다는 거죠. 하지만 "이 문장은 거짓이다"라는 명제는 일반적인 형식 기준에 따르면 제대로 된 명제라 할 수 없고, 그렇기 때문에 검증하기가 어려운 거예요. 이와 같이 서로 모순되고 대립되는 명제를 '이율배반' 혹은 '이율배반 명제'라 부르기도 한답니다.

"이 문장은 거짓이다"라는 말은 논리수학, 즉 수학의 기본적인 이론에 관련된 영역에서 자주 거론되는 말입니다. 수학에서 말하는 논리란 어떤 가설이 검증이 되느냐 아니냐, 어떤 문제를 수학적으로 풀 수 있느냐 없느냐를 연구하는 거예요. 이때 서로 모순되는 두 개의 명제를 수학적으로 도저히 증명할 수 없다는 사실을 밝혀 낼 수 있느냐 여부가 매우 중요한 역할을 차지한답니다.

그런데 여기에 대해 논리학자 쿠르트 괴델은 1930년경 뜻밖에도 간단한 해답을 얻었어요. 괴델이 답을 발견한 과정을 자세히 설명하자면 복잡해질 수 있으니 여기에서는 최대한 간단히 설명해 볼게요.

괴델은 수학 안에 담긴 모순을 수학으로는 설명할 수 없다는 사실

을 발견했어요. 이후 그 내용은 '괴델의 불완전성의 정리'라는 개념

으로 유명세를 타게 되었죠. 이에 대해 프랑스의 수학자 앙드레 베이

유[1906~1998]는 우스갯소리를 하듯 이렇게 말했답니다.

"수학이 모순적이기 때문에 신이 존재한다고 말할 수 있고, 그것을

우리가 증명할 수 없기에 악마가 존재한다고 할 수 있다."

그 내용에 대해 더 알고 싶다면 더글러스 호프스태터의《괴델, 에

셔, 바흐: 영원한 황금 노끈》이라는 책을 읽어 보세요.

이 마술에 있어 가장 중요한 건 관중들을 이야기 속으로 빨아들이는 능력입니다. 즉 '어라? 뭔가 이상한데?'라는 생각을 품게 만드는 동시에 그에 대해 생각해 보게 만드는 능력이 요구되는 것이죠. 만약 마술사 역할을 해야 할 아이가 어린 편이라면 그 뒤에 숨은 논리를 관중들에게 설명해 내기는 어려울 거예요. 적어도 이발사가 홍보용으로 내건 문구가 왜 모순되는지를 이해할 수는 있어야 합니다. 논리 수학적 모순에 관해서는 이미 많은 도서들이 출간되어 있으니 그 부분을 참고하셔도 좋습니다.